建设工程
安全监督体系与模式探索

步向义　著

中国建筑工业出版社

图书在版编目（CIP）数据

建设工程安全监督体系与模式探索 / 步向义著. — 北京：中国建筑工业出版社，2016.10
ISBN 978-7-112-20099-3

Ⅰ.①建… Ⅱ.①步… Ⅲ.①建筑工程 — 安全生产—生产管理 Ⅳ.①TU714

中国版本图书馆CIP数据核字（2016）第276380号

责任编辑：率　琦
书籍设计：京点制版
责任校对：王宇枢　李美娜

建设工程安全监督体系与模式探索
步向义　著
*
中国建筑工业出版社出版、发行（北京海淀三里河路9号）
各地新华书店、建筑书店经销
北京京点图文设计有限公司制版
北京君升印刷有限公司印刷
*
开本：787×1092毫米　1/16　印张：7　字数：133千字
2017年4月第一版　2017年4月第一次印刷
定价：29.00元
ISBN 978-7-112-20099-3
(29557)

前　言

国外发达国家的政府对建设工程安全监督力度都比较大，强化了企业责任，监督执法严格。相比较而言，我国建设工程安全监督方面存在以下亟待解决的问题：一是监督管理机制不健全，监督执法力度不够；二是未建立一支专业化的安全监管队伍；三是未明确体现出建设单位是安全责任第一主体单位；四是施工、监理单位等责任主体单位只关注经济效益而忽视安全投入，安全职责履行不到位；五是建设工程从业人员存在文化素质低、安全意识差、安全培训不及时或不培训即上岗等客观原因；六是缺少科技支撑。所以造成建筑业施工事故频发。

本书对国外发达国家建设工程安全监督状况进行了研究，通过对比分析，找出我国目前安全监督管理的不足之处，提炼出一些有益于我国安全监督管理的经验和手段；对建设工程安全监督机构的组建和监管情况进行了调研，提出将建设工程的质量和安全整合监管的结论，建立一支专业化的质量安全联合监督的队伍，避免监管存在技术上的盲区；运用博弈论分析法，建立博弈模型，深入分析工程建设中各方的关系与制约机制；提出建设单位为安全生产第一责任主体，建设单位运用经济手段控制和管理施工、监理单位履行安全管理职责；深入剖析了政府监督机构人员、建设行政主管部门监管人员在安全监督中的行为，提出新型的适合我国当前建设工程安全监督管理的运行模式，同时，为该模式的正常有效运行提出了相关意见和建议。

本书研究了我国建设工程安全监督模式，为政府制定建设工程安全监督政策以及建设工程安全管理人员的工作实践提供了可靠的理论依据，也为相关科研院所的安全管理技术研究指明了方向。本书还可作为高等学校安全工程专业方向的研究生和本科生的选用教材。本书在编写过程中，由于时间仓促，笔者水平有限，难免存在不足之处，敬请批评指正。

目　录

第 1 章　绪　论

1.1　本书的研究背景

1.1.1　时代背景

1978 年“十一届三中全会”后我国走上了“具有中国特色的社会主义改革道路”，随着改革的不断深入，基础设施建设的不断投入，我国建筑业也得到了长足的发展，总产值从 1980 年的 286.93 亿元不断攀升到 2012 年的 137217.86 亿元，见图 1-1。

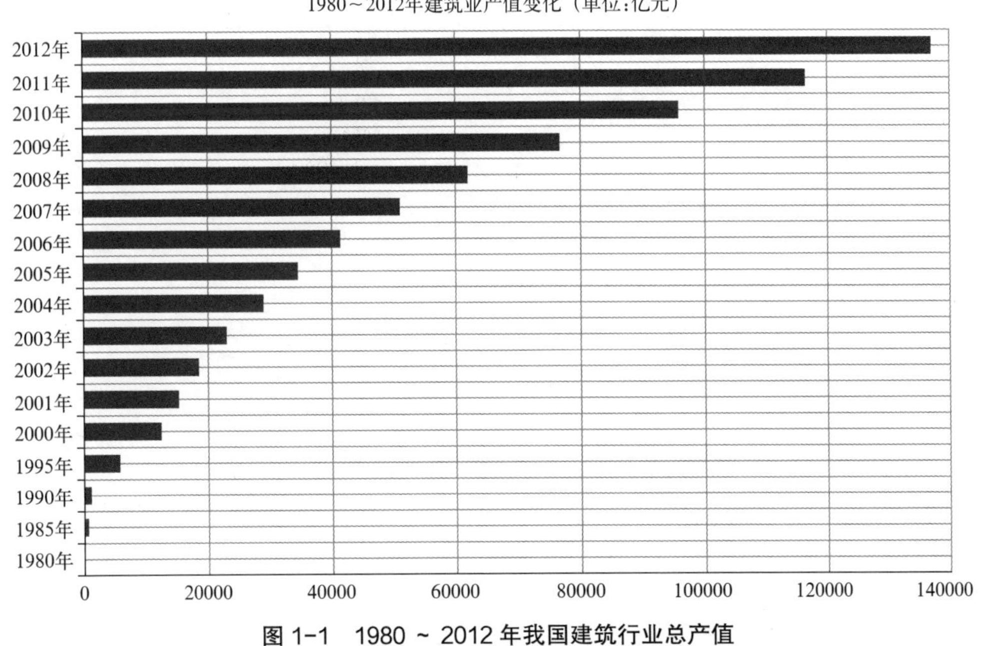

图 1-1　1980 ~ 2012 年我国建筑行业总产值

（数据来源：国家统计局官网网站 http：//www.stats.gov.cn/）

2012 年我国建筑业增加值达到 22398.8 亿元人民币，建筑市场共计有 75280 家施工企业，见图 1-2。

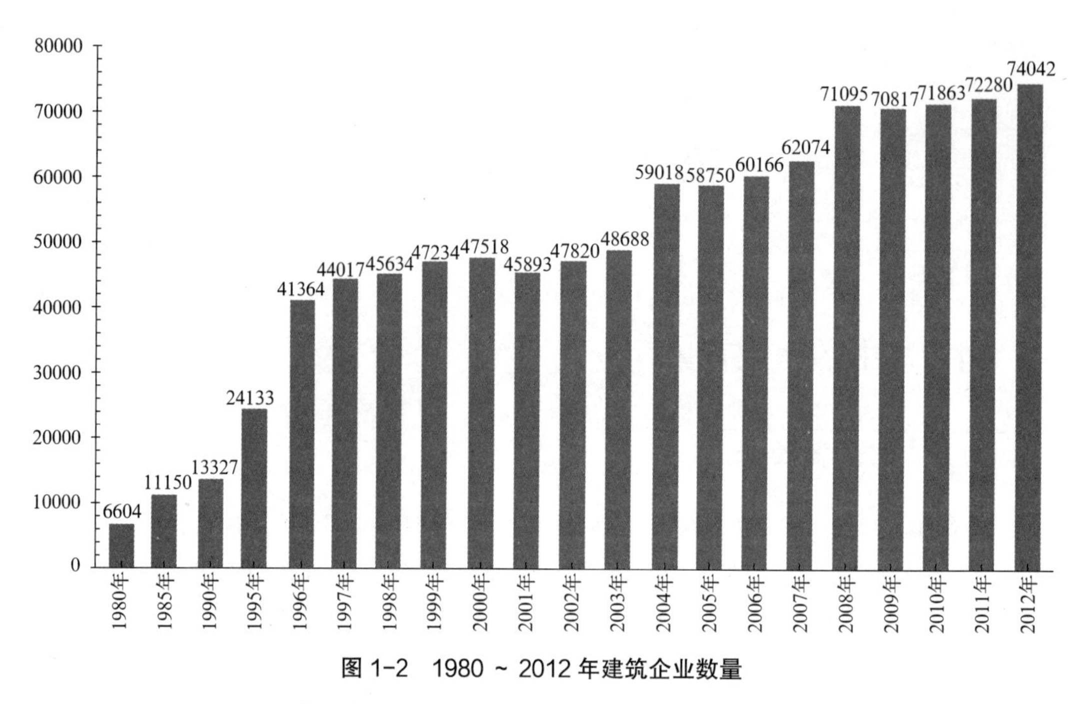

图 1-2　1980 ~ 2012 年建筑企业数量

（数据来源：国家统计局官网网站 http：//www.stats.gov.cn/）

截止到 2012 年，从事建筑生产的人数达到 4267.24 万人（见图 1-3），建筑业毫无疑义地成为我国国民经济的支柱产业之一。

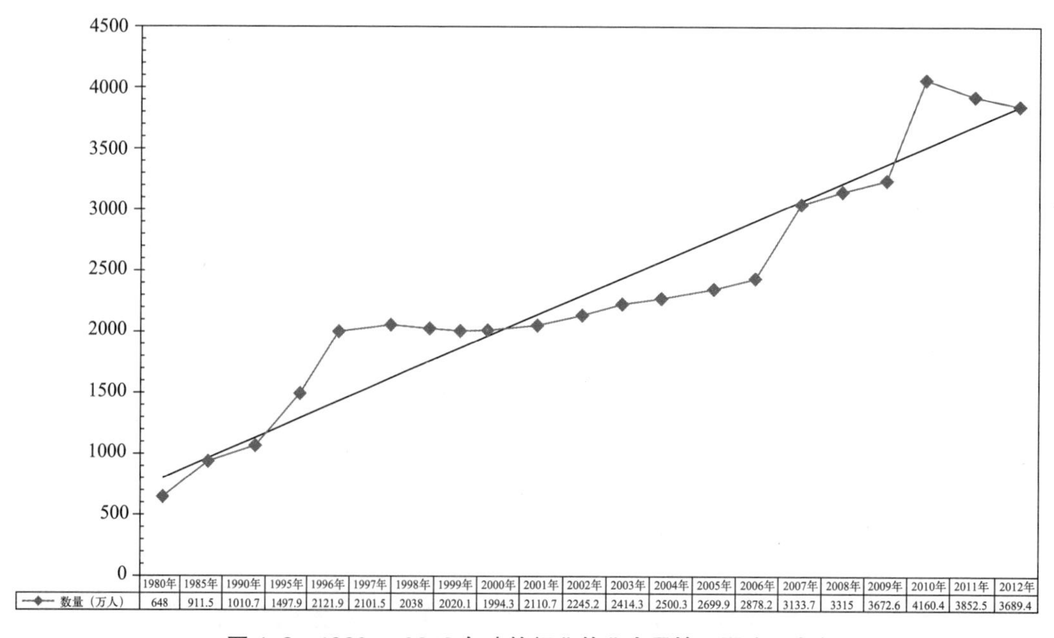

	1980年	1985年	1990年	1995年	1996年	1997年	1998年	1999年	2000年	2001年	2002年	2003年	2004年	2005年	2006年	2007年	2008年	2009年	2010年	2011年	2012年
数量（万人）	648	911.5	1010.7	1497.9	2121.9	2101.5	2038	2020.1	1994.3	2110.7	2245.2	2414.3	2500.3	2699.9	2878.2	3133.7	3315	3672.6	4160.4	3852.5	3689.4

图 1-3　1980 ~ 2012 年建筑行业从业人员情况图（万人）

（数据来源：国家统计局官网网站 http：//www.stats.gov.cn/）

截止到 2012 年，建筑业创造的 GDP 占总 GDP 的 6.8%（见图 1-4），建筑业早已成为我国国民经济发展的主要动力，在未来的一段时间内建筑行业的兴衰有可能决定着未来中国国民经济整体的发展速度和财富的积累速度。

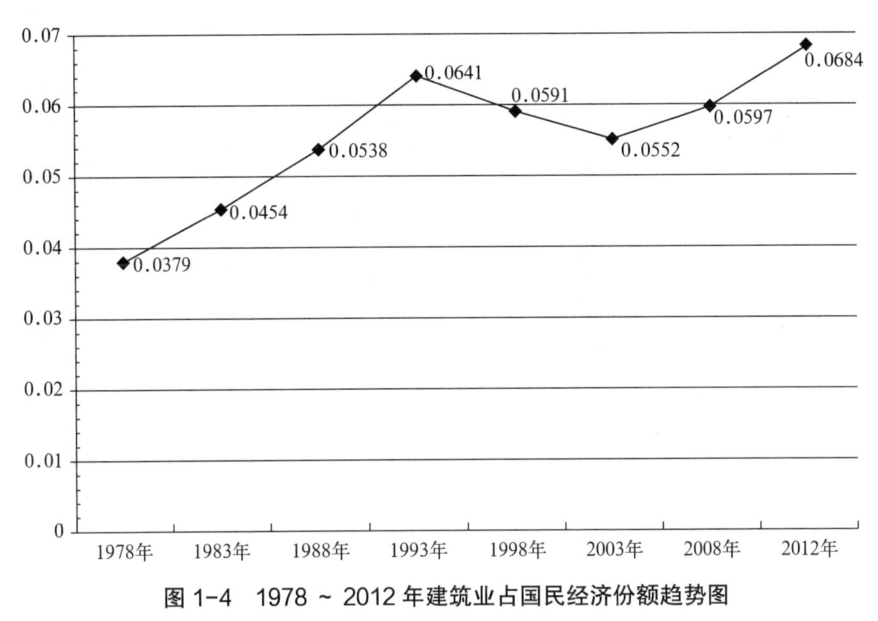

图 1-4 1978 ~ 2012 年建筑业占国民经济份额趋势图

（数据来源：国家统计局官网网站 http：//www.stats.gov.cn/）

改革开放以来，国有企业彻底打破“大锅饭”，积极推行劳动合同制改革，各大建筑企业逐渐形成了技术人员为固定工，农村剩余劳动力为补充的建筑市场用工制度，来自乡镇的农民工的数量占到一线工人的九成以上。此外，由于建筑行业本身的特点，一般来说具有风险高、工人文化素养低、现场管理水平落后、施工安全意识淡薄的问题[1]。

根据住房和城乡建设部的统计数据，我国建筑业死亡人数由 2009 年的 684 人逐渐下降到 2013 年的 409 人，见图 1-5。由于国家的重视，2008 年以前恶性事故频发的势头有所下降。但是，我们应该看到，中国内地建筑业死亡人数及死亡事故数仍然处于较高的水平，我国建筑业的生产安全问题仍然十分严峻[2]。

1.1.2 社会发展的要求

随着社会的发展和改革的不断深入，伴随着我国国民经济的快速发展和城镇建设高潮的到来，今后一段时间内建筑市场必然呈现出爆炸式发展。目前建设工程领域呈现出一次性投资大、施工技术要求复杂、各种新结构和新材料不断涌现和更迭的趋势。

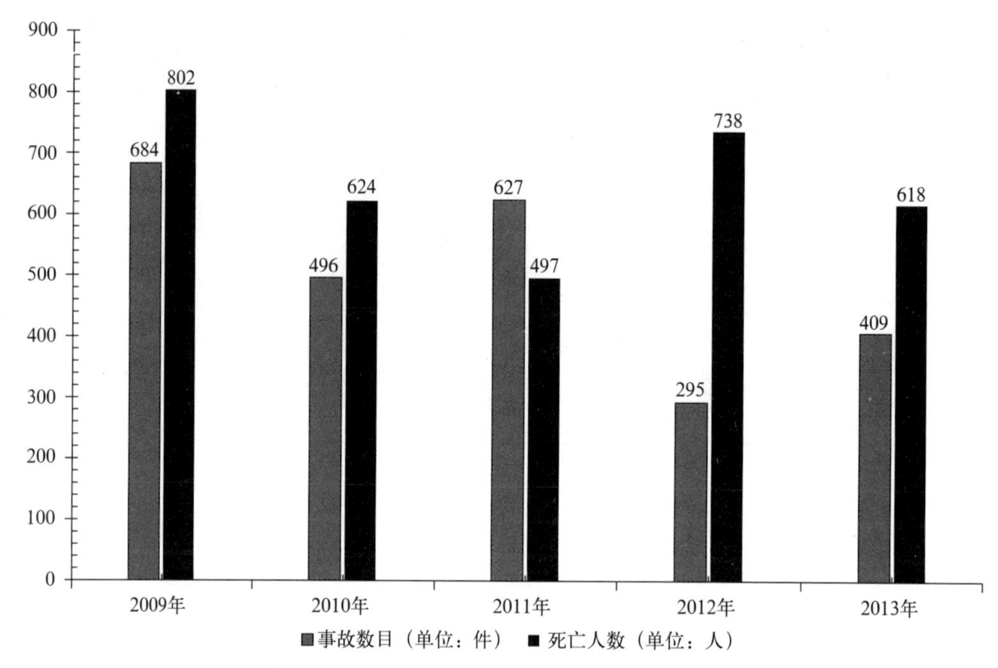

图 1-5　我国 2001 ~ 2013 年建筑业伤亡事故数与死亡人数

（数据来源：中华人民共和国住房和城乡建设部，http：//ginfo.mohurd.gov.cn/）

这些趋势都为新时期建设工程安全监督管理工作带来了新的困难和挑战，过去由政府单一控制施工阶段安全监督管理的模式，已经严重不能满足社会的发展需要，这主要体现在以下几方面：

（1）在市场竞争中，建设单位选择施工企业时，不仅注重工程进度、成本、质量的控制能力，更注重具有较好的控制安全事故的能力，以保证项目的顺利实施。对安全事故的控制能力是企业管理能力的重要体现，安全生产管理好的企业必然赢得市场的青睐，尤其是在建设方需要承担一定的事故损失时，这种优势更加突显[3]。

（2）随着国家“城镇化”进程的加速，建筑行业必将迎来新的繁荣，为了满足“进城群众”的居住刚性需求，必然要新建大量的城市住宅、公共设施和道路桥梁；同时，随着中国社会产业升级，许多新型高科技产业的涌现，工程建设项目必然大幅度增多，建筑行业必将继续成为区域经济发展的重要支撑[2]。

（3）施工复杂化的要求。近些年来，城市及郊区建设项目周边环境的复杂性和多样性已经成为不争的事实。随着工程建设项目的进行，施工现场的施工人员、设备、机器的流动性不断增大，施工环境和工作条件复杂化程度不断提高，施工过程中高空作业和不同专业的交叉作业不断增多，这些动态变化的客观因素使建设项目的安全生产形势不容乐观[3]。

(4) 全球气候变化也给工程建设带来不稳定因素。目前，全世界范围内气候变化明显，酷暑、严冬和台风等极端自然灾害不断发生，恶劣的自然环境极易造成建设工程安全事故不断出现[4]。

(5) 建设工程安全监督存在诸多瓶颈和制约因素。全国性的建设工程安全政府监督管理体系是一个庞大的系统工程，它的发展和完善需要一个漫长的过程。从现实来看，它在发展过程中有许多问题需要解决，例如：

①政府监督机构在建设工程安全监督中的作用定位；

②如何对建设工程施工阶段的全过程进行有效监控；

③政府如何调动项目各参建主体的积极性。

综上所述，本书将对建设工程安全监督模式进行系统研究，针对目前建设工程暴露出的问题建立起一套行之有效的安全监管模式，进一步完善我国建设工程安全监督管理工作。

1.2 本书的研究目的

本书通过总结国外先进的建设工程安全监督管理经验，结合我国的国情，对我国建设工程安全监督管理模式进行深入的研究。通过问卷调查的方式，从定性角度论述我国建设工程安全政府监管面临的问题；从定量角度构建博弈模型，分析建设工程安全监督模式存在问题的根源，并结合现有的政策法规和建筑业现状，有针对性地提出完善政府对建设工程安全监管的应对策略，提出改进我国建设工程安全监督方式的方法，为指导建设工程安全生产管理工作提供有价值的建议。通过改进监管方式、完善监管手段，实现减少建设工程安全事故发生，提高建设工程安全政府监管效能，保障建设工程安全生产的目的。

1.3 本书研究的意义

首先，建设工程安全事故的减少，有利于保证人民生命和财产安全。其次，政府是社会公共利益的代表，有责任维护建设工程安全；加强政府监督管理的研究，有助于提高政府监管效能，对减少安全事故的发生有着重要的保障作用。同时，有助于提升建筑业的生产力水平，促进建筑业有机构成的提高，促进建筑行业的稳定快速发展。最后，体现以人为本的治国精神，为构建和谐社会提供有力的帮助。

1.4 国内外研究现状

1.4.1 国外研究现状

20 世纪六七十年代，西方发达国家就不断进行科学的建设工程安全监督管理工作的研究，通过多方面和多角度的方式探索降低施工过程中事故发生率和人员死亡率，提高建筑施工的整体经济效果[5]。

这其中的主要代表人物有美国的勒维特·雷蒙德（Levitt Raymond）、吉米·海因茨（Jimmie Hinze）、约翰·埃弗里特（John Everett）、阿马尔吉特·辛格（Amarjit Singh）和爱德华·加塞尔斯克斯（Edward Jaselskis），南非的约翰·斯莫尔伍德（John smallwood），英国的罗伊·达夫（Roy Duff），澳大利亚的林加德（Lingard），中国香港的史蒂文·罗林森（Steven Rowlinson）等人。研究成果如吉米·海因茨研究了安全投入[1]；汤普森（Thompson）和埃弗里特研究了保险系数对承包商管理水平的评价作用，新加坡的 Teo 等人开发了“建设工程安全指标评价工具”（csl Assessment Tool）[2]的软件。

国外对建设工程安全监督管理研究主要以法律为主，多数是分析法律建设的问题，属宏观的研究。如恩戈维（Ngowi）研究指出由承包商负责建筑安全工作是事故频发的主要原因[3]。海因茨和甘巴泰萨（Gambatese）等研究了设计方的安全责任[4-6]。布莱尔（Blair）提出多方对安全负有责任的概念等[7]。科布尔（Coble）和豪普特（Haupt）研究了在法律制度下各方都承担安全责任[8]，指出需要制定一个低标准的法规[9]。贝克森代尔（Baxendale）和琼斯（Jones）推荐了一些办法以增强建设方和设计师的参与[10]。吉恩（Genn）研究出法律作用下企业对待安全的效力不一样[11]。文森德（vansandt）和沃库奇（wokutch）指出美国和日本的劳动保护法规相互优化才是最优的[12]。尼尔·甘宁汉（Neil Gunningham）针对英国、澳大利亚和美国的职业安全法律如何确保有效实施提出了很多见解[13]。豪普特、斯莫尔伍德和艾伯亨（Ebohon）比较分析了法律与经济手段作为政策手段时的优劣[14]。维斯库西（viscusi）从经济学的角度分析研究了美国《职业安全与健康法》（OSHACT）的有效性[15]。克莱顿（Clayton）提出了经济奖罚手段的重要性，并对其做了深入细致的研究[16]。扬（Young）对建设工程安全未来的发展模式做了探讨研究[17]。麦考勒姆（Maccollum）从管理层、安全专家、责任人、合同、劳工补偿等方面进行了研究分析[18]。还有一类学术论文，主要是对安全管理法制建设的介绍[19]。如哈纳雅苏（Hanayasu）、瓦塔纳贝（watanable）和方东平等对日本建设工程安全管理理念进行研究分析[20-21]。弗洛德（Flood）、卡泰（Kartam）和库斯奇（Koushki）对工程安全管理进行了研究[22]。

1.4.2 国内研究现状

我国对建设工程安全监督管理方面的研究尚处于起步阶段，但由于我国建设工程安全管理问题的日益突出，这方面的研究也越来越受到重视。目前我国针对建设工程安全监督管理方面的研究主要包括以下几个方面：

（1）对发达国家和地区建设工程安全监督管理的成功经验进行借鉴。通过对西方发达国家政府安全监督管理机构和制度运行模式的实地考察、研究和总结，提出一套适合我国国情的安全生产监督管理模式。例如，潘延平“通过借鉴建筑业发展比较成熟的英国、德国政府工程质量和安全监督管理的成功经验，探索适合我国建筑业工程质量和安全监督管理水平提高的建议”。王宗怀等人对欧美等发达国家职业安全健康监督管理模式进行深入研究后得出结论，“我国建筑行业职业安全健康监督管理工作与西方发达国家相比，尚有一定差距，同时提出通过强化政府职能、扶持中介机构等方式规范建筑业的职业安全健康监督管理”。

（2）分析我国安全管理存在的问题，对建设工程安全管理的现状进行研究。例如，方东平、黄新宇等人对安全投入与绩效间的关系，邓小林等人对建设工程事故的经济损失受安全投资规模大小的影响进行了研究。方东平和宋虎彬等总结了国内工程建设项目安全管理的过去成果、现阶段的问题和未来的发展趋势；张剑和方东平等对中国建设工程安全法规体系及执行情况作了分析；方东平、黄吉欣等对香港特别行政区建设工程安全管理的历史进行了研究；天津大学的卢岚、王令东等提出了模糊综合评价体系[23]；王广斌、张飞涟、曹冬平、赖纯莹和张玉娟等从安全监管的内部博弈角度对相关问题进行了研究；胡家群主要针对建筑工程中的建筑质量与施工安全等的管理提出相应的对策，以促使建筑企业重视建筑工程的安全管理，推动建筑业健康发展；黄启明利用相关数据剖析了我国建筑行业安全生产的现状、存在问题及原因分析，并就如何做好项目施工安全生产管理的思路进行探讨；陈其明论述了建筑施工安全生产形势和管理中存在的主要问题，并就加强建筑工程安全生产监管提出了相应的措施；张仕廉等从分析建设工程安全监督管理组织方面入手，提出建设工程安全管理机构体系建设和建设工程全过程管理模式，试图把建设工程工作过程中涉及的各个参与方纳入监管体制内[15]。

（3）在建筑业企业内部安全生产监督管理方面，刘静、程建中等提出建筑业企业应加强企业内部监督，提高企业自我监督控制水平；黄宁强从企业安全文化的角度探讨 OHSMS 与传统安全管理模式的兼容性，OHSMS 和企业安全文化的相互促进、持续提升的特点对建筑业企业建立 OHSMS 的作用，并提出相应对策。

江苏理工大学的梅强教授通过应用模糊数学里的综合评判模型评估建筑工程公司的安全生产状况，并进行了量化评估。同时提出了预先估算建筑工程公司安全事故发生概率的方法。这一研究可使风险管理的理论应用到建设工程安全管理中[16]。

目前来看，国内针对建设工程安全监督管理方面的研究相对零散，且大部分研究缺乏深层次和系统性，它们仅仅停留在政府组织机构监督管理或企业内部监督管理的其中一个层面。而建设工程安全监督是一个管理体系，它需要从宏观上把握，综合考虑各种措施的相互制约和相互配合，只有将这些措施形成合力，才能确保建设工程施工安全。这就需要研究者从政府宏观管理、行业建设、企业内部管理和社会监督等多方面有机整合、形成合力才能建立有效的建设工程安全监督管理体制。

1.4.3 已有安全事故理论体系介绍

国外学者对建设工程安全管理从不同的角度进行了研究，其中具有代表性的有：

(1) 事故致因理论研究

事故致因理论——“事故发生有其自身的发展规律，了解事故的发生、发展和形成过程对于辨识、评价和控制危险源具有重要意义。只有掌握事故发生的规律，才能有效地控制事故发生的途径，保证生产系统处于安全状态”。

海因里希（*Heinrich*）在《工业事故的预防》一书中，提出了事故因果连锁论。该理论的核心思想是：伤亡事故的发生不是一个孤立的事件，而是一系列原因事件相继发生的结果，即伤害与各原因相互之间具有连锁关系。

事故因果连锁过程包括如下 5 种因素：

①遗传及社会环境（*M*）

②人的缺点（*P*）

③人的不安全行为或物的不安全状态（*H*）

④事故（*D*）

⑤伤害（*A*）

事故的发生是一连串事件按一定顺序，互为因果依次发生的结果，见图 1-6。

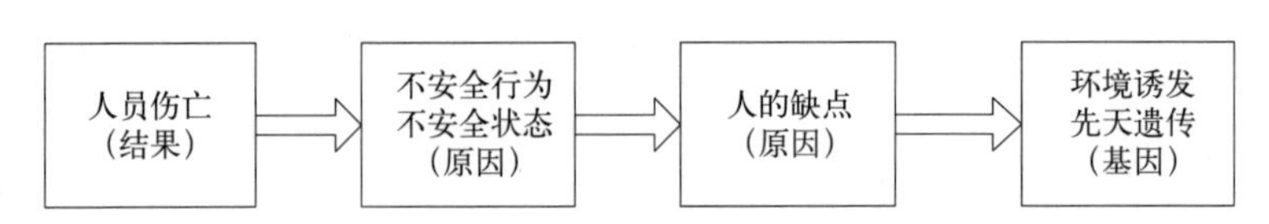

图 1-6　事故互为因果关系图

上述事故因果连锁关系，可以用 5 块多米诺骨牌形象地加以描述，如图 1-7 和图 1-8 所示。如果第一块骨牌倒下（即第一个原因出现），则发生连锁反应，后面的骨牌相继被碰倒（相继发生）。

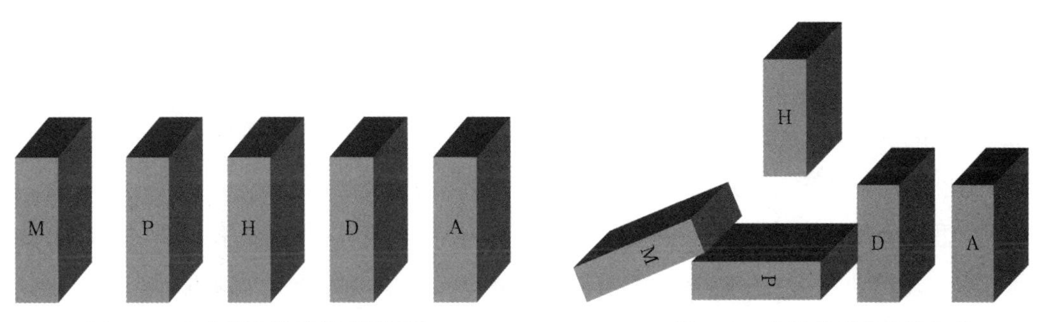

图 1-7　多米诺骨牌事故连锁理论　　图 1-8　事故连锁发生被打断

海因里希的理论有明显的不足，如它对事故致因连锁关系的描述过于绝对化、简单化。事实上，各个骨牌（因素）之间的连锁关系是复杂的、随机的。前面的牌倒下，后面的牌可能倒下，也可能不倒下。事故并不全都造成伤害，不安全行为或不安全状态也不是必然造成事故，等等。尽管如此，海因里希的事故因果连锁理论促进了事故致因理论的发展，成为事故研究科学化的先导，具有重要的历史地位[21]。

事故因果连锁理论对不安全行为产生的原因进行了诊释，并论述了从事生产工作的安全责任等工业安全中最基本、最重要的问题。施工现场要求每天工作开始前必须认真检查施工机具和施工材料，并且保证施工人员处于稳定的工作状态，正是事故因果连锁理论在建设工程安全管理中的应用和体现。

（2）博德事故因果连锁理论

博德在海因里希事故因果连锁理论的基础上，提出了与现代安全观点更加吻合的事故因果连锁理论。同样为 5 个因素，但含义与海因里希的有所不同：

①管理缺陷

完全依靠工程技术措施预防事故既不经济，也不现实，只能通过完善安全管理工作，经过较大的努力，才能防止事故的发生。安全管理系统要随着生产的发展变化而不断调整完善，十全十美的管理系统不可能存在。由于安全管理上的缺陷，致使能够造成事故的其他原因出现。

②个人及工作条件的原因

这方面的原因是由于管理缺陷造成的。个人原因包括缺乏安全知识或技能，行为动机不正确，生理或心理有问题等；工作条件原因包括安全操作规程不健全，设备、材料不合适，存在温度、湿度、粉尘、气体、噪声、照明、场地（如打滑的地面、障碍物、不可靠支撑物）等有害作业环境因素[22]。

③直接原因

人的不安全行为或物的不安全状态是事故的直接原因。这种原因一直是安全管理中必须重点加以追究的原因。但是，直接原因只是一种表面现象，是深层次原因的表征。不能停留在表面，要追究其背后隐藏的管理缺陷原因，采取有效控制措施，从根本上杜绝事故的发生。

④事故

这里的事故被看作是人体或物体与超过其承受“阈值”的能量接触，或人体与妨碍正常生理活动的物质接触造成的。于是，防止事故的发生就是防止接触。可以通过对装置、材料、工艺等的改进防止能量的释放，或者训练工人提高识别和回避危险的能力。例如，佩戴个人防护用具等来防止接触。

⑤损失

人员伤害及财物损坏统称为损失。人员伤害包括：工伤、职业病、精神创伤等。

（3）亚当斯事故因果连锁理论

亚当斯提出了一种与博德事故因果连锁理论类似的因果连锁模型，该模型形式见表1-1。

亚当斯事故因果连锁理论表 **表 1-1**

管理体制	管理失误的方面		现场失误	事故	伤害或损坏
	领导者	安全技术人员			
目标组织机能	政策	行为	不安全行为	伤亡事故	对人
	目标	责任	不安全状态	损坏事故	对物
	权威	权威		无伤害事故	
	责任	规则			
	职责	指导主动性			
	注意范围	积极性			
	权限授予	业务活动			

“亚当斯理论”的有效之处在于对生产现场失误背后蕴含的原因进行了有效的研究。“亚当斯理论”认为，作业者的不安全行为和不安全状态等现场失误，是由于企业领导的失误和技术人员的过错造成的。对安全工作有决定性影响的因素有：决策的正确与否、管理的正确与否。一般来说，管理失误大部分都是由企业管理体系中的相关问题所导致[23][24]。

（4）北川彻三事故因果连锁理论

“北川彻三理论”考虑到，工业伤害事故发生的原因是多种多样的，受国家政治局势、经济文化发展水平、教育科技素养等诸多社会因素的影响。这些因素对工业伤害事故的发生和预防都有着重要的影响，在“北川彻三因果连锁理论”中，构成理论基础的各个因素，不仅仅局限于企业安全工作范围内的相关因素，见图1-9。只有充分认识这些基本因素，综合利用现有的科学技术、管理手段达到预防伤害事故发生的目的。

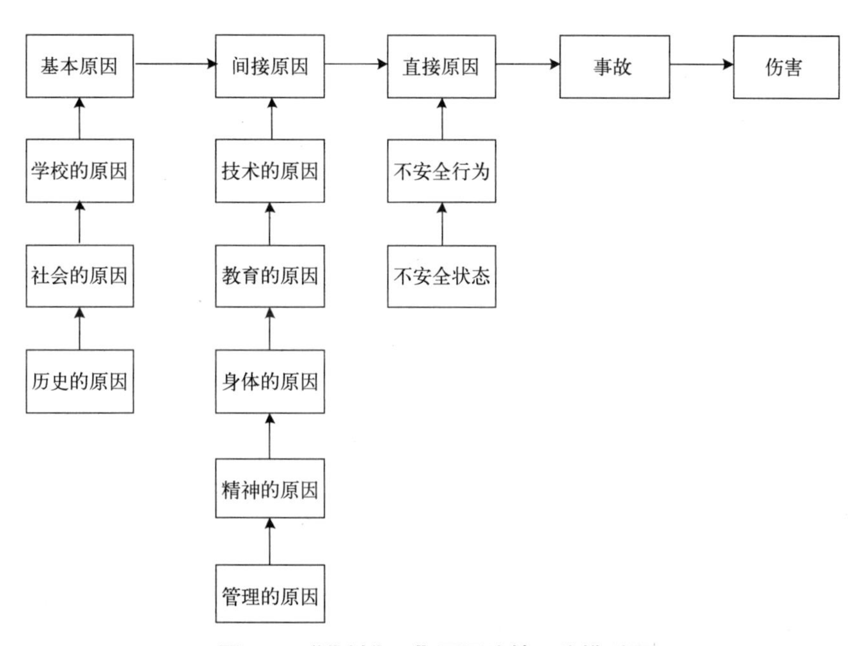

图1-9　“北川彻三”因果连锁理论模型图

（5）管理失误理论——事故统计分析因果连锁模型

该模型为当前世界普遍采用的因果模型，该模型着重分析伤亡事故的直接原因——人的不安全行为和物的不安全状态[25]，以及其背后的深层原因——管理失误。该理论认为，事故的直接原因是人的不安全行为和物的不安全状态造成的，但是造成人失误和物故障的根本原因却常常是管理上的缺陷（图1-10）。

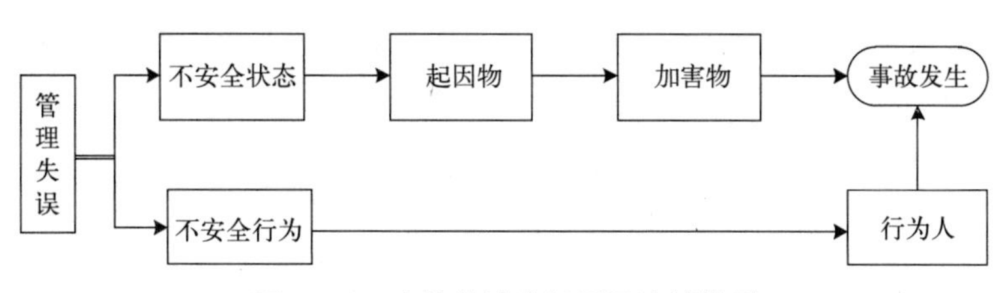

图1-10　事故统计分析因果连锁模型

（6）轨道交叉理论

人的不安全行为一般是由机械伤害和物质危害构成，人流与物的不安全状态的轨迹交叉点，就是人们发生灾害的“交集”，见图 1-11。如果在人的流程与物的流程之间设置各种预设的安全装置作为屏障，可提高机械设备的可靠性，又可大幅降低事故发生的概率。该理论着重表明人的失误无法根治，但可控制设备和相关物质因素不发生危害和出现问题，可以通过阻断物的不安全状态达到降低危害的作用。

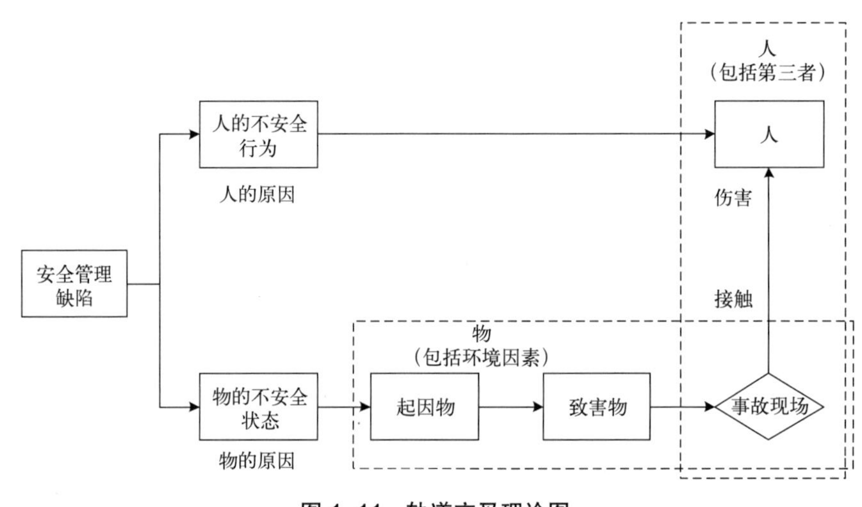

图 1-11　轨道交叉理论图

1.5　本书的研究内容与技术路线

1.5.1　本书的研究内容

（1）首先对国外发达国家的建设工程安全监督状况进行分析研究，提炼出适合我国的一些安全监管手段[26]。

（2）运用问卷调查的方法，对我国建设工程安全监督机构监管情况进行调研，找出需要改进的措施，提出将建设工程的质量和安全整合监管的结论，避免监管存在技术上的盲区[29]。

（3）用调查问卷和统计分析法（因子分析法）对施工企业目前的安全管理进行调研。通过统计学的方法分析影响建设工程安全监督管理的主要因子。

（4）运用博弈论的方法对工程建设相关利益各方进行博弈分析，建立非合作博弈模型指导监督机构的工作。

（5）通过对相关问题的分析研究，建立构建新型建设工程安全监督管理体制。

（6）剖析政府监督机构人员、建设行政主管部门监管人员被追究法律责任的原因，体现出执法监管责任的重要性。

1.5.2　本书的研究技术路线

本书的研究技术路线如图 1-12 所示。

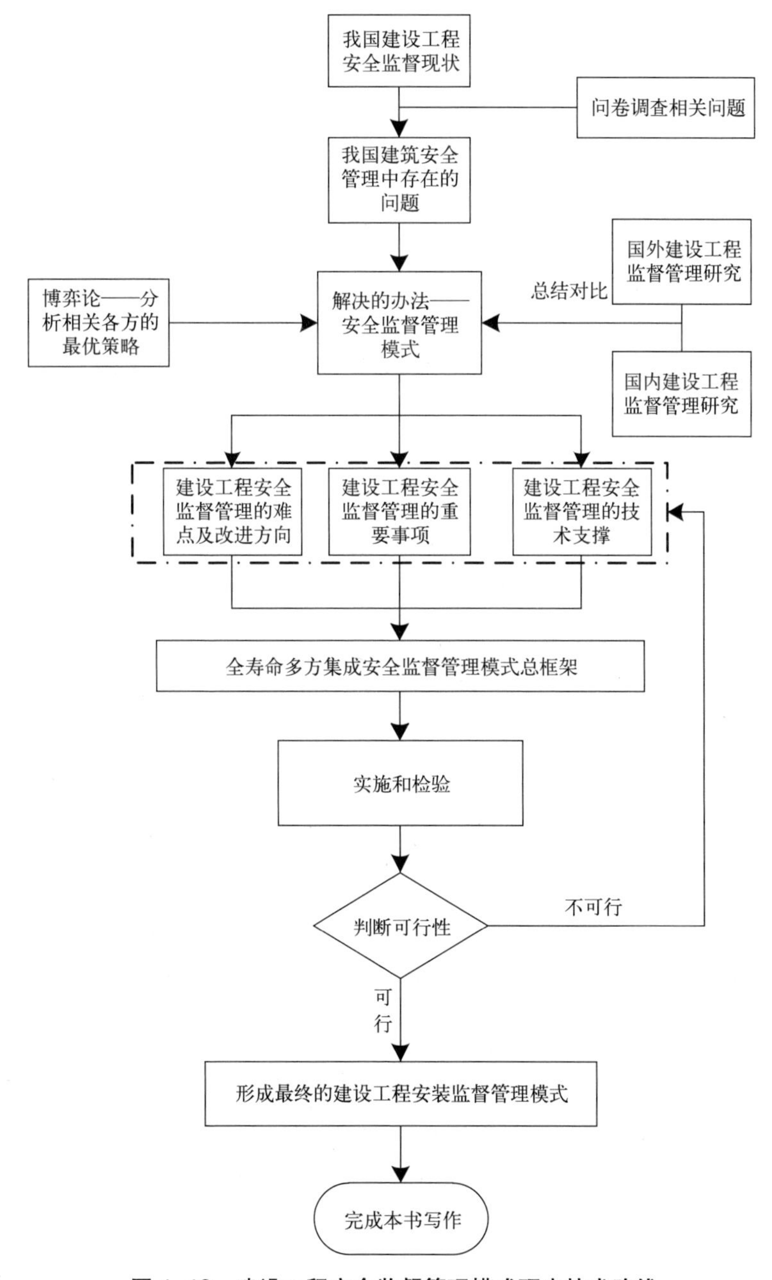

图 1-12　建设工程安全监督管理模式研究技术路线

第 2 章　国内外建设工程安全监督模式对比分析

2.1　美国建设工程安全监督模式

2.1.1　制度建设

美国劳工部下属的联邦劳工安全与健康保护署（OSHA）是负责美国全国的安全生产管理部门。美国负责建筑施工安全基层工作的机构则是联邦劳工安全与健康保护署下属的分支机构——区域办公室（AREA OFFICE），美国全国一共划分为 71 个分支结构，分别对自己区域内的建设工程安全工作负责。1996 年，美国政府在“职业安全与健康局”下增加设立了建筑处，负责工程技术的咨询、相关标准的制订和职业健康的管理工作。职业安全与健康局在美国一共有 10 个区域划分，每个区域的各个州都设有相关的办事机构。同时，美国各州还可以通过州立法工作，制订符合自己州的安全立法和管理条例。

此外，美国政府还资助和鼓励各个科研所、高校进行劳动安全与健康方面的研究工作。

2.1.2　法律设置

美国除劳工法、民法、雇主责任法等法律规定外，主要依据适用美国各州和地区的《职业安全与健康法》（*Occupational Safety and Health Act: OSHACT* 1970）。该法律规定，雇主必须为雇员提供安全的工作场所，拥有 11 名或以上的雇主必须保存雇员的教育和日常安全状况的记录，对擅自更改安全记录的行为处以罚款或半年的监禁。检察官有权对工地现场进行检查，任何阻止、妨碍、反对以及干涉检查官员的正常检查工作，将处以5000美元的罚款以及 3 年以下的监禁；检察官检查前任何人不得泄露信息，否则将处以 1000 美元的罚款甚至 6 个月的监禁。检察官在执法检查时若发现违法违规行为，将处以罚款或刑事处分。

2.1.3 市场环境建设

利用市场经济手段对建设工程安全生产问题进行有效管控。按照美国法律规定，建设方和承包商必须办理相关的强制性保险，承包商的安全信用与保险费率相关。对信用不好的承包商保险公司可以拒保，迫使承包商的安全施工意识加强，保险公司也积极参与到安全管理过程中。这样提高了各责任方的积极性，减少了因事故造成企业的成本费用的增加[26][27]。致使美国建筑业界提出追求“零伤害”的目标，建设工程安全监管取得了一定的成效。

2.1.4 信用建设

为了客观准确地评价建筑企业的安全业绩，美国劳工部成立了专门的职业安全与健康局负责管理安全评价和信用业绩。包括：调整系数（*EMR*）、事故率（*RIR*）、损失时间（*LTIR*）、索赔率（*WCCF*）等；业绩的评定结果作为企业的信用等级，因此被誉为建筑企业的安全指示器[28]。

2.2 英国建设工程安全监督模式

英国作为市场经济发达的资本主义国家，其建筑业也得到了快速的发展。英国政府主要通过法规手段规范建筑市场。英国的健康与安全法律的悠久传统已经有 150 多年的历史，英国的建设工程安全管理也属于其职业健康与安全管理体系的一部分[39]。

2.2.1 制度建设

1974 年，英国颁布了《劳动安全健康法》（HA-SAW74）对雇主应当保证雇员在健康、安全的环境中工作的义务做了明确的规定。现有的健康与安全法律是在其基础上发展起来的。英国职业及建设工程安全法规体系可以分为四个层次：第一层次是基本法——《劳动安全健康法》，明确了雇主和其他相关人的基本安全责任，并且成立了管理机构体系；第二层次是行政法规，通过设立标准的形式明确各行业各企业所应该达到的安全管理目标，但并没有规定为了达到目标需要采取的措施；第三层次是官方批准的实践规范，由各行业自己起草，详细描述并推荐行业中能够达到法律要求的比较好的安全实践形式的各个方面，但不做硬性要求；第四层次是指南和标准，作为雇主采取安全措施时的建议和指导。英国的职业及建设工程安全管理法律体系如图 2-1 所示。

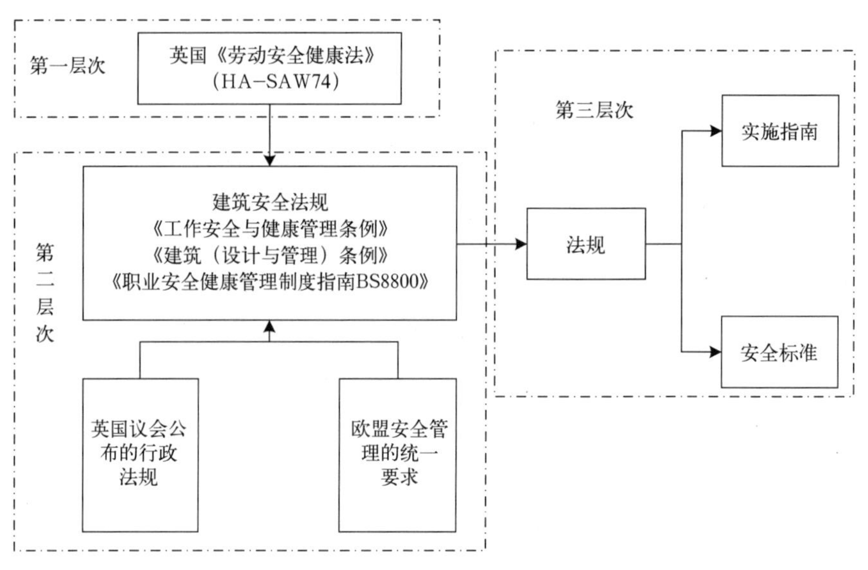

图 2-1　英国的建设工程安全管理体系构成图

英国政府涉及健康、安全方面的法律、法规有 300 多部，强制规定了监督人员的安全监督职责，以及建设工程参与各方的法律责任。

主要法规有:《工作安全与健康管理条例》、《建筑（设计与管理）条例》、《职业安全健康管理制度指南 BS8800》等。1994 年颁布的《建筑（设计与管理）条例》是针对《工作安全与健康管理条例》在建筑业方面有关雇主、计划总监、设计者和承包商的责任和义务进行的补充和完善。1996 年英国又颁布了《建筑（健康、安全和福利）条例》，该条例旨在通过对雇主及所有影响工程施工各主体的法律约束，保护建筑工人和可能受工程影响的人员的安全。1999 年修订了《工作安全与健康管理条例》。英国安全生产的政府主管机构是国家健康安全委员会（HSC），施工安全基层检查机构则是安全健康执行委员会（HSE）下属的地方安全健康署。英国政府的国家健康安全委员会对各行业职工健康和人身安全进行监管，各行业都设立了协会，英国法律明确了安全监督工程师的职权。安全监督工程师有权收集现场的安全信息，有权到施工现场进行安全监督检查、取证，根据现场检查情况，采取多种处罚的工作方式：一是发隐患通知书；二是发停工通知书；三是向法院起诉。企业必须做出书面答复。对安全监督工程师资格考核注重实用性和丰富的工作经验，工程师必须具备能检查出安全风险的能力。

2.2.2　法律设置

英国健康与安全执行委员会（HSE）代表政府行使安全管理的职能负责安全监察，建设工程安全是其负责的 4 个重要领域之一。该委员会根据《劳动安全健康法》设立，隶属于环境交通与区域部（DETR），在全英国设有 7 个地方分部，每个分部一般下辖 3 个办事处。英国健康与安全执行委员会（HSE）对事故进行调查处理。委员会主要是通过现场监察处（FOD）对建筑业安全和健康进行监督的。现场监察处机构由设有总部、全国建筑科、全国专家科、7 个地区划分的科室的机构构成，见图 2-2。其中 13 人服务于伦敦专门的建设工程安全分部，在全国共有 116 位建设工程安全调查员。他们根据《劳动安全健康法》的授权，从事建设工程安全监督工作，包括发出强制执行命令和诉讼。

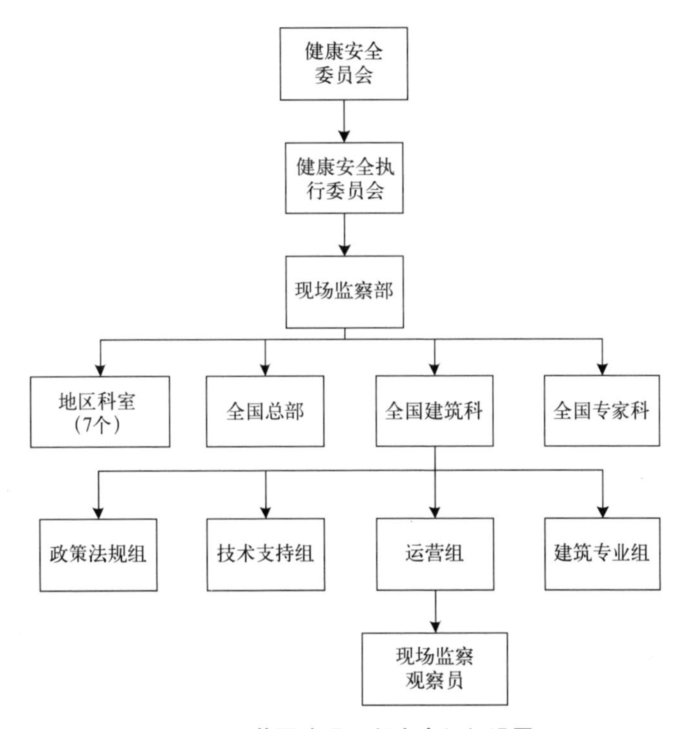

图 2-2　英国建设工程安全组织设置

建筑科成立的目的是为了加强监督检查的力量。机构包括政策法规组、运营组等。其中运营组的职能是到施工现场检查，可以采取必要的强制措施[30]。运营组的监察员是建设工程安全监督的技术人员，他们主要开展检查活动，提出建议和给予指导，对雇员的检举和投诉进行调查处理，对雇员的安全行为进行判定，必要时采取强制的执法措施。

2.2.3　保险制度

英国的建设工程安全法律强制规定，要求建设工程的责任方必须购买建设工程一切险。可由承包商购买或各参与方分别购买。目前多数是由建设方集中购买保险的方案。保险业的介入，改进了安全监管的效能。

2.3 德国建设工程安全监督模式

德国的职业安全与健康管理体系采用“双轨制”（见图 2-3），一是联邦政府颁布的法律和条例，二是工伤保险协会颁布的事故预防规程。

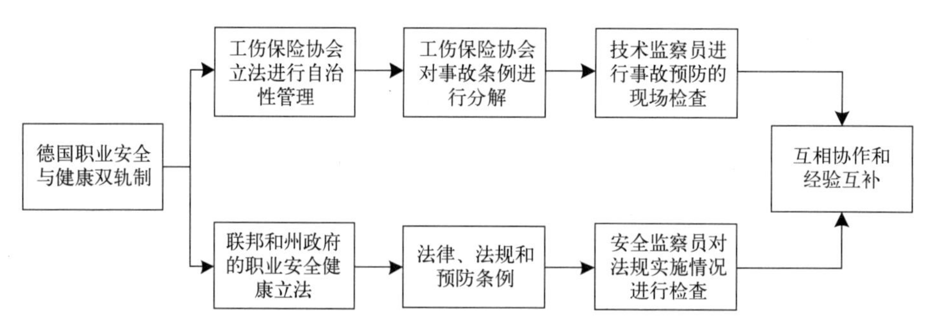

图 2-3 德国职业安全与健康“双轨制”管理体系示意图

2.3.1 制度建设

德国的劳动部门负责监督检查建筑业的安全状况。建设方在报建时必须以书面形式告知当地劳动局，否则将被劳动部门处以罚款[30]。劳动局还将对建设项目建成后涉及使用安全等方面的内容进行重点核查。德国联邦建设部统一管理全国工程建设活动，各地建管局要时时监督工程质量和安全。检查当中对于不合格的企业，可采取予以停工的处罚。工程竣工后还要跟踪检查房屋的使用安全情况。小城市一般不设建管局，建设项目需要到中心城市的建管局审查。建管局工作人员一般由专业技术人士组成，其业务水平很高，具备安全监管的业务能力。

2.3.2 法律设置

目前，德国的职业安全与健康管理主要基于 3 部法律：

（1）由德国联邦议会颁布的《劳动保护法》，对雇主、雇员与工作安全有关的权利和义务进行了规定；联邦议会授权联邦劳动部颁布了《建筑工地劳动保护条例》，责成各个州（区、市）政府的劳动局进行监督和管理。

（2）《职业安全法》，对公司雇用医生和安全专业人员做出规定。

(3) 1911年德国议会颁布了第7号法典即《社会法》，该法的主要内容就是对建筑活动中人身安全与健康进行保障，规定了建设工程安全生产体制及具体的制度。

除此3部法律之外，还有《工作场所安全条例》、《设备安全条例》、《建筑工地劳动保护条例》等。

德国建筑业行业协会负责制定建设工程安全技术标准，为建设工程提供技术支撑。

在德国，企业必须设立劳动保护委员会，设立专职安全管理人员来具体负责安全工作。安全工程师必须经劳动局和行业协会考核获得执业资格，并且每年参加由安全咨询公司组织的不少于160小时的培训。德国工地发生事故后，承包商要先报告警方，警方再通知检察院、急救中心、劳动局、行业协会及安全咨询公司等协助调查。事故由检察院立案调查，向法院起诉，由法院最终裁定事故的结论。在事故调查中，劳动局、建管局和行业协会一般不参与调查，有时还要作为被调查的对象。另外，事故后承包商要向协会缴纳惩罚性的罚款。

德国采用的是重罚机制，可以因企业安全问题直接判处罚款的部门有三个：

①劳动局——主要负责劳动者个人的安全保护；

②建管局——主要负责结构安全和消防安全；

③行业协会——主要负责工伤保险。

2.3.3 协会参与

德国的建筑行业协会负责制定标准和发展规划，开展科研教育、工伤保险、职业病、对专业人员进行考核、对事故进行调查处理等工作[31]。规定企业必须加入行业协会，并缴纳工伤保险金，协会对安全事故频发的企业提高工伤保险金或高额罚款，最终使得“劣质企业”无力经营，破产后就自行退出市场[32]。行业协会本身为非营利性组织，不得通过收取企业会员单位的工伤保险获得经济利益。

2.4 日本建设工程安全监督模式

2.4.1 制度建设

日本建设工程安全管理分别由劳动省、建设省为首的国家机关和地方政府具体实施。日本负责安全生产的政府主管机构是国家劳动基准局，隶属于劳动省，由劳动省直接负责管理（属中央检查制），各单位负责人均由中央直接任命，各单位的地点名称和管辖区域均由劳动大臣政令决定[33]。劳动省依据《劳动基准法》在各地设立了47个劳动准局，下辖386个劳动基准监督署，代表国家对包括建筑业在内的各行业安全、健康状况进行基层的监督检查，负责安全生产的监督和处理劳动灾害保险。其中劳动省有 6 人负责建设工程安全，在各地有约 3000 人负责建设工程安全。

2.4.2 法律设置

关于建设工程安全监督和管理的法律有：《劳动安全健康法》、《劳动安全健康法施行令》、《劳动安全健康规则》；建设工程专业法规有：《劳动基准法》、《作业环境测定法》、《劳动者灾害补偿保险法》等；与建设工程相关行业标准法规有：《作业环境评价基准》、《作业环境测定基准》、《作业环境测定法施行规则》、《建设业附属寄宿舍规程》、《劳动者灾害补偿保险法施行规则》等；有关建筑业的法规包括《建设业法》、《建筑基准法》、《都市计划法》；建筑行业实施细则有：《建设业法施行规则》、《都市计划法施行规则》、《建筑基准法施行规则》等[34]。

2.4.3 协会管理

日本安全管理的法律、法规健全，这些法规使安全管理走上了法制化的轨道，为保证建设工程安全管理提供了必要的条件。日本劳动基准监督署通过严格的法律手段，对日本全国的建筑行业和相关协会进行管理。以建设工程安全为主导思想，大范围推广建筑工人意外伤害保险[35]。

2.5 中国香港特别行政区的建设工程安全管理状况

2.5.1 制度建设

事实证明，由于香港特区政府管理得力，近 10 年来香港建筑业的安全事故率总体呈下降趋势。特区政府从事施工安全管理的公务员队伍十分庞大，分工细密。其中仅工务部门的公务员就达 2 万余人，超过特区政府全部公务员的 1/10。特区政府除了劳工处以外，还有 3 个建设工程安全管理主管机构：工务局、规划环境地政局、房屋局；9 个官方检查机构：包括工务局属下 7 个工务部门（建筑署、土木署、路政署、渠务署等），以及屋宇署和房屋署；3 个半官方检查机构：房屋委员会、建造业训练局、职业安全健康局。特区政府的施工安全检查同时针对建设单位和施工单位的安全行为[36]。

（1）劳工处

香港劳工处是香港特区政府执行劳工法例的机构，隶属于香港布政司署教育统筹科，是个署级机构，成立于 1947 年。其主要职责是执行劳工法例、贯彻香港特区政府的劳工政策、调节劳工资源、缓和劳资矛盾，辅助工人就业。其工作范围主要如下：

①通过检查，了解有关职业健康和安全及生产条件法规在各工作场所的执行情况，确保有关条例的各项规定得到落实；

②调查生产安全事故，总结事故发生规律，向雇主和雇员提供减少事故发生和消除安全隐患专业性的意见和建议；

③免费向工作场所负责人提供在完善工作场所内的安全计划及设计和布置工作场所等方面的意见；

④向市民宣传安全意识及安全文化；

⑤为政府相关部门和非政府组织负责职业安全及健康的人员提供培训。

（2）建筑署

香港建筑署主要是向政府提供专业技术意见，提供由政府资助或委托工程及合资工程的监察、咨询服务，它的职员主要包括工地督导人员、专业人员和技术人员，一般屋宇署工作人员的主要职责是：

①为现存及新建的私人建筑的建设方提供服务。

屋宇署根据香港特区相关法律法规的规定监管香港所有的私营建设工程。私营建设工程建设前必须先取得建筑事务监督的同意；屋宇署监察工作人员在私营建设施工过程中将定期巡视施工现场。

②建筑工程施工现场安全文明施工。

香港房屋监察屋宇署负责就建筑工程安全事宜进行审查，以及在新建房屋工程竣工后发出占用许可证。监察组负责系统地巡查所有在建工程，找出在建工程是否存在安全隐患，是否按照法律法规及施工图进行施工。如果监察组发现在建工程存在质量安全问题，便会立即要求相关责任人员做出补救措施，情节严重的，监察组会依法对有关责任人采取行政处罚或相应法律措施。

（3）房屋署和房屋委员会

房屋署和房屋委员会主要负责制定有关房屋建设的制度政策，处理房屋建设和使用的相关事务，房屋委员会（房委会）的执行机关亦是房屋署。

房屋委员会于1973年4月成立，其工作内容为：制定及推进公共房屋计划；制定相关政策并负责监督政策的执行情况，以达到政府的公共房屋政策目标。房屋署根据《建筑物条例》审查房委会的工程项目，审图并发出施工同意书，施工完成后作最后验收，以及就建筑工程下发占用许可证。

（4）职业安全健康局

职业安全健康局主要负责：政策法规的宣传和推广、相关从业人员的教育和培训、提供专业的职业安全健康咨询、完成相关问题调查与科学研究，见表2-1。此外，职业安全健康局受房屋委员会委托，依法对建筑工程的安全生产和工人健康情况进行独立稽查，如稽查结果合格，便支付安全生产费用给总承建商，反之，就按规定对总承建商进行处罚。

香港职业安全健康局工作内容　　表 2-1

工作内容编码	项目分类			
	房屋建设准备工作	工人安全防护计划	应急处理计划	长期保障计划
1	安全政策	分析工作的危害	意外事故调查	健康保障计划
2	安全的组织架构	个人防护用品计划	应急救援方案	
3	安全训练			

2.5.2　法律设置

香港的安全法规体系共分为五个层次，见图 2-4。

香港地区建设工程参照的核心法律为：《工厂及工业经营条例》和《职业安全与健康条例》。到目前为止，香港共有近 20 部法例与建筑行业有关，这些条例之下还有大量的规例，例如《工厂及工业经营条例》下设有《工厂及工业经营（密闭空间）规例》、《工厂及工业经营（喷砂打磨）规例》等。设置齐全的法律，明确了建筑施工企业和劳工双方的权利和义务，香港特区政府还不断根据实际情况制定相应的安全管理制度。

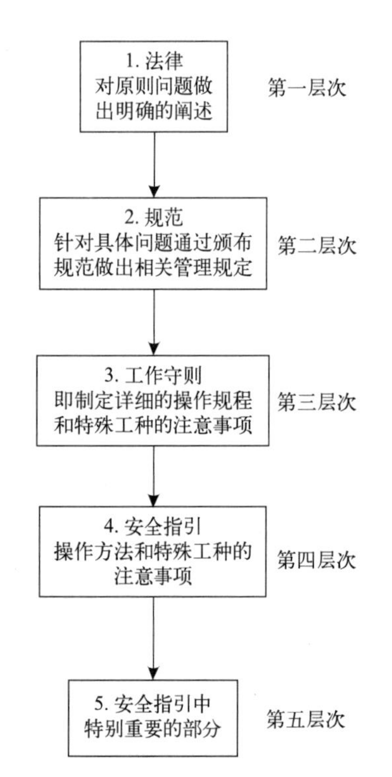

图 2-4　香港的安全法规体系示意图

2.6　工业发达国家建设工程安全管理经验

2.6.1　法律法规体系完善

发达国家将《劳动法》与《职业安全与健康法》作为指导企业日常生产行为和维护劳动者权益的主要法律。以基本法律规定为蓝本，职能部门可根据需要随时制定相关的法规，应对可能出现的新问题[37]。例如：美国在近 20 年内，平均每年有将近 100 多项标准进行修改和完善；日本的《劳动安全健康法》

自 1972 年实行以来，每隔 2 ～ 3 年就要根据实际工业生产中出现的问题进行大幅度的修订。

2.6.2　政府安全生产管理体制系统

工业化国家都建立了职业化的安全与健康监察管理体系，特别是英国、美国、日本等国。归纳起来，工业化国家安全生产监察执法机构的设立主要有以下特点：

（1）执法主体明确，执法与管理严格分开。各国的安全卫生法都明确规定设立安全监察机构，负责安全监察执法工作，明确执法主体。他们都是独立的执法主体，是体现国家安全监察意志的权威机构。

（2）设立全国垂直管理的安全监察机构。

（3）设立国家部级机构，独立行使执法权。

（4）国家协调和指导，地方实施监察执法。

2.6.3　可借鉴经验

（1）对现行法律法规进行及时的补充和修订

我国应该在建筑业不断发展的过程中总结相关经验，适时制定和及时更改不相适应的建设工程安全法律、法规条款；各地政府也要制定适合各地方建筑业具体情况的安全法规条款。

（2）加大行业协会和中介机构的安全监督管理作用

政府应强化监督职能，弱化日常的管理职能，加大放权力度将日常性监管工作交由行业协会完成。进一步完善社会中介、行业协会组织的管理职能，完善注册安全工程师管理制度，充分发挥行业部门或组织的咨询、服务、管理等中介职能。

（3）完善保险制度

建立完善的工伤保险制度，以安全信用等级制度为基础实施有差别保险费率制度和浮动保险费率制度，结合相应的奖惩机制，鼓励建筑业企业自主完善安全生产；同时保障劳动者权益，在安全事故发生后，及时获得医疗救治，以及相应的经济补偿和康复治疗的费用。

2.7　我国建设工程安全监督管理体系分析

2.7.1　我国建设工程安全监督管理的发展沿革

新中国成立后，大规模的经济建设给建筑行业的发展提供了机会，我国建筑业取得了突飞猛进的发展和巨大成就。党和政府十分关心建筑企业的安全生产工作，采取了一系列有效的措施，不断加强安全技术工作和安全立法工作。在“安全第一、预防为主、综合治理”的方针和“管生产，必管安全”的安全生产原则的共同指导下，切实地推进了建设工程安全监督，有效地保护了劳动者的安全和健康[38]。自新中国成立60多年来，建设工程安全管理的发展过程可以大体分为三个阶段，见表2-2。

建设工程安全管理的发展过程　　表2-2

阶段	年代	内容	效果
1	1949～1957年	《工厂安全卫生规程》 《建筑安装工程安全技术规程》 《工人职员伤亡事故报告规程》	从法律上彻底保障了工人的生产活动和利益，生产安全工作结果优异
2	1958～1976年	1961～1966年，编制实施了16个全国性的设计、施工标准和规范	受极“左”路线影响，在工程建设方面盲目赶工期，造成大量安全事故，建设工程安全状况严重恶化
3	1977年至今	实施了建设工程安全系列法律法规；各部委颁布了大量的规章制度和行业标准；各地方实施了大量的地方法规和相应的地方性规章	特大恶性事故频繁，与发达国家相比，建筑业安全管理、研究水平差距较大

2.7.2 我国建设工程安全监督管理的法律体系

我国建设工程安全生产法律体系是由多个法律规范文件所组成的法群集合，形成了以《宪法》为立法依据，由法律、行政法规、行政规章、安全技术标准等组成的多类型、多层级的建设工程安全监管法律体系[48]。它们是工程建设政府监管的依据，也是判断政府监管行为是否合法的基础和前提。我国建设工程安全生产法律体系如图2-5所示，我国与建设工程安全生产相关的行政法规与部门规章见表2-3。

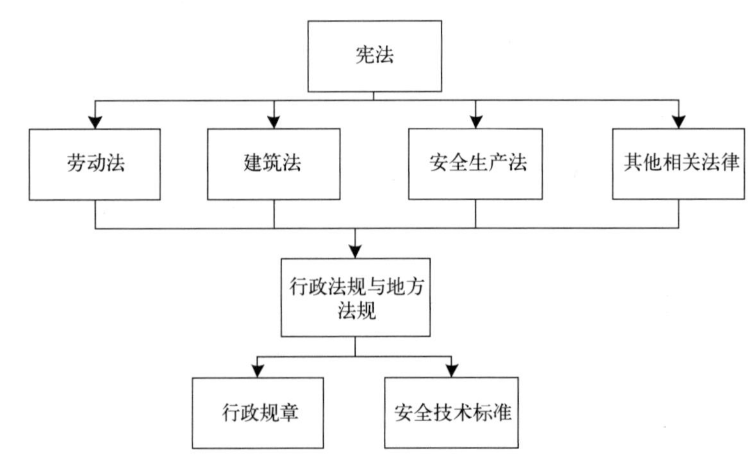

图2-5　我国建设工程安全生产法律体系

我国与建设工程安全生产相关的行政法规与部门规章汇总表　　表 2-3

序号	名称	实施时间	文号
1	《工厂安全卫生规程》	1956 年 5 月 25 日	国议周字〈56〉第 40 号
2	《建筑安装工程安全技术规程》	1956 年 5 月 25 日	国议周字〈56〉第 40 号
3	《关于加强企业生产中安全工作的几项规定》	1963 年 3 月 30 日	国务院经薄字〈1963〉244 号
4	《建筑安装工人安全技术操作规程》	1980 年 5 月 12 日	
5	《国营建筑企业安全生产管理工作条例》	1983 年 5 月 27 日	城乡建设环境保护部
6	《关于加强集体所有制建筑企业安全生产的暂行规定》		
7	《国营建筑企业安全生产条例》		
8	《施工现场临时用电安全技术规范》JGJ46—88	1988 年 6 月 1 日	
9	《建筑施工安全检查评分标准》JGJ59—88	1988 年 9 月 1 日	
10	《女职工劳动保护规定》	1988 年 9 月 1 日	国务院第 9 号令
11	《特别重大事故调查程序暂行规定》	1989 年 3 月 29 日	国务院第 34 号令
12	《工程建设重大事故报告和调查程序规定》	1989 年 12 月 1 日	建设部 3 号令
13	《企业职工伤亡事故报告和处理规定》	1991 年 5 月 1 日	国务院第 75 号令
14	《建设工程安全生产监督管理规定》	1991 年 7 月 9 日	建设部 13 号令
15	《建设工程施工现场管理规定》	1992 年 1 月 1 日	建设部 15 号令
16	《中华人民共和国劳动法》	1995 年 1 月 1 日	
17	《建设项目（工程）劳动安全卫生监督规定》	1997 年 1 月 1 日	劳动部 3 号令
18	《建设项目（工程）劳动安全卫生预评价管理办法》	1998 年 2 月 5 日	劳动部 10 号令
19	《中华人民共和国建筑法》	1998 年 3 月 1 日	
20	《建设项目（工程）劳动安全卫生预评价单位资格认可与管理规则》	1999 年 2 月 5 日	劳动部 11 号令
21	《国务院关于特大安全事故行政责任追究的规定》	2001 年 4 月 21 日	国务院第 302 号令
22	《锅炉压力容器压力管道特种设备事故处理规定》	2001 年 11 月 15 日	国家质量监督检验检疫总局 2 号令
23	《中华人民共和国安全生产法》	2002 年 11 月 1 日	
24	《安全生产行政复议暂行办法》	2003 年 5 月 1 日	国家经贸委 49 号令
25	《特种设备安全监察条例》	2003 年 6 月 1 日	国务院第 373 号令
26	《安全生产违法行为行政处罚办法》	2003 年 7 月 1 日	国家安监局 1 号令
27	《非法用工单位伤亡人员一次性赔偿办法》	2004 年 1 月 1 日	劳动和社会保障部 19 号令
28	《建设工程安全生产管理条例》	2004 年 2 月 1 日	国务院第 393 号令
29	《安全生产许可证条例》	2004 年 1 月 7 日	国务院第 397 号令
30	《工伤保险条例》	2004 年 1 月 1 日	国务院第 375 号令
31	《工伤认定办法》	2004 年 1 月 1 日	劳动和社会保障部 17 号令
32	《建筑施工企业安全生产许可证管理规定》	2004 年 6 月 29 日	建设部 128 号令
33	《安全生产事故隐患排查治理暂行规定》	2007 年 12 月 22 日	国家安全生产监督管理总局第 16 号令

续表

序号	名称	实施时间	文号
34	《建筑施工企业安全生产许可证动态监管暂行办法》	2008 年 6 月 30 日	住建部建质 [2008]121 号
35	关于印发《建筑施工特种作业人员管理规定》的通知	2008 年 6 月 1 日	住建部建质 [2008]75 号
36	关于印发《建筑起重机械备案登记办法》的通知	2008 年 6 月 1 日	住建部建质 [2008]76 号
37	建筑施工企业安全生产管理机构设置及专职安全生产管理人员管理办法	2008 年 5 月 13 日	住建部建质 [2008]91 号
38	建筑起重机械安全监督管理规定	2008 年 6 月 1 日	住建部第 166 号令
39	危险性较大的分部分项工程安全管理办法	2009 年 5 月 13 日	住建部建质 [2009]87 号
40	建设工程高大模板支撑系统施工安全监督管理导则	2009 年 10 月 26 日	住建部建质 [2009]254 号
41	国务院关于进一步加强企业安全生产工作的通知	2010 年 7 月 19 日	国发 [2010]23 号
42	关于继续深入开展建筑安全生产标准化工作的通知	2011 年 5 月 30 日	（建安办函 [2011]14 号）
43	关于进一步加强建筑施工企业安全生产工作的实施意见	2011 年 10 月 14 日	住建部建质 [2011]252 号
44	关于贯彻落实《国务院关于坚持科学发展安全发展促进安全生产形势持续稳定好转的意见》的通知	2012 年 1 月 19 日	住建部建质 [2012]6 号
45	《建筑施工安全检查标准》JGJ59—2011	2012 年 7 月 1 日	
46	房屋市政工程生产安全事故报告和查处工作规程	2013 年 1 月 14 日	住建部建质 [2013]4 号
47	《中华人民共和国特种设备安全法》	2014 年 1 月 1 日	中华人民共和国主席令第 4 号
48	城市轨道交通建设工程质量安全事故应急预案管理办法	2014 年 3 月 12 日	住建部建质 [2014]34 号

2.7.3 我国建设工程安全监督管理体系

目前，我国建设工程安全监督管理模式为统一管理，分级负责，以行业监督为主，同时遵循属地管理和层级监督的原则。国务院建设行政主管部门负责对全国建设工程安全生产监督指导；县级以上人民政府建设行政主管部门分级负责本辖区的建设工程安全生产管理；国家安全生产监督管理部门负责全国安全生产宏观监督管理工作。

层级监督就是上级行政主管部门对下级部门予以业务指导和工作考核；行业管理具体指建筑和市政行业分别由各自的行业建设管理部门负责管理，即建筑业安全监督由建筑工程安全监督站负责，市政行业的安全监督由市政行政主管部门负责，其他行业的安全监督由相关主管部门负责，见图 2-6。

国家安全生产监督管理总局（见图 2-7）是主管全国安全生产的管理机构，各省、市和县级安全生产监督管理机构严格按照相关法律所赋予和规定的权限行使安全生产的监督管理工作。

由于建筑业涉及行业领域多、生产建设类别复杂、市场主体多元化，管理难度较大，因此我国建设工程安全生产管理的模式为“统一管理，分级负责”。即国务院建设行政主管部门对全国的建设工程安全生产实施统一的监督管理，国务院各有关部门按照职责分工，分别对建设工程安全生产各相关专业实施监督管理。县级以上地方人民政府建设行政主管部门以及有关部门按各自的职责范围分级负责本辖区内建设工程安全生产实施监督管理，同时依法接受本行政区内安全生产监督管理部门和劳动行政主管部门对建设工程安全生产监督管理工作的指导和监督[40][41]。全国多数地区建设行政主管部门设立专门安全生产监督机构实施建设工程安全生产监督管理，少数地区建设行政主管部门依然实行由建设行政主管部门相关处室具体监督管理，没有设置安全监督机构。

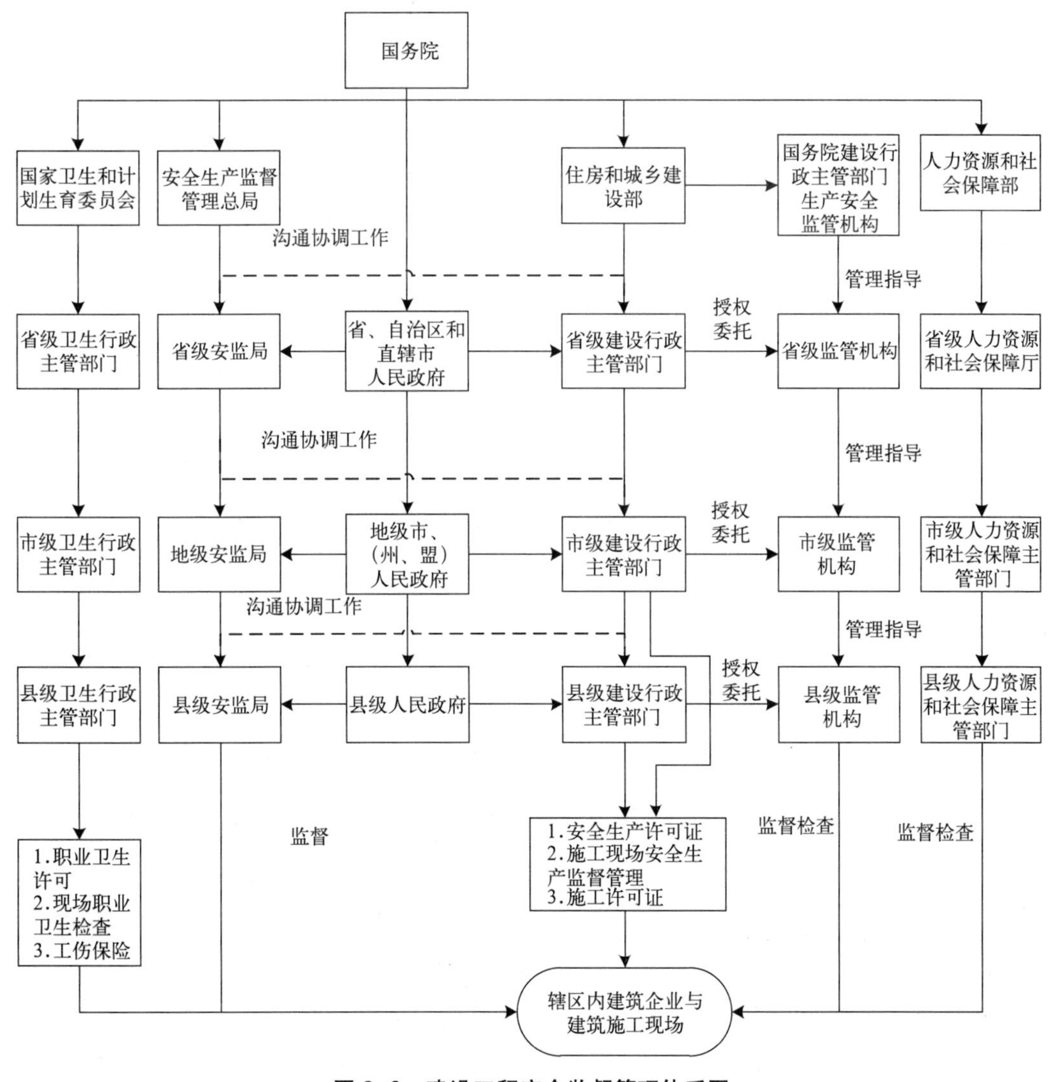

图 2-6　建设工程安全监督管理体系图

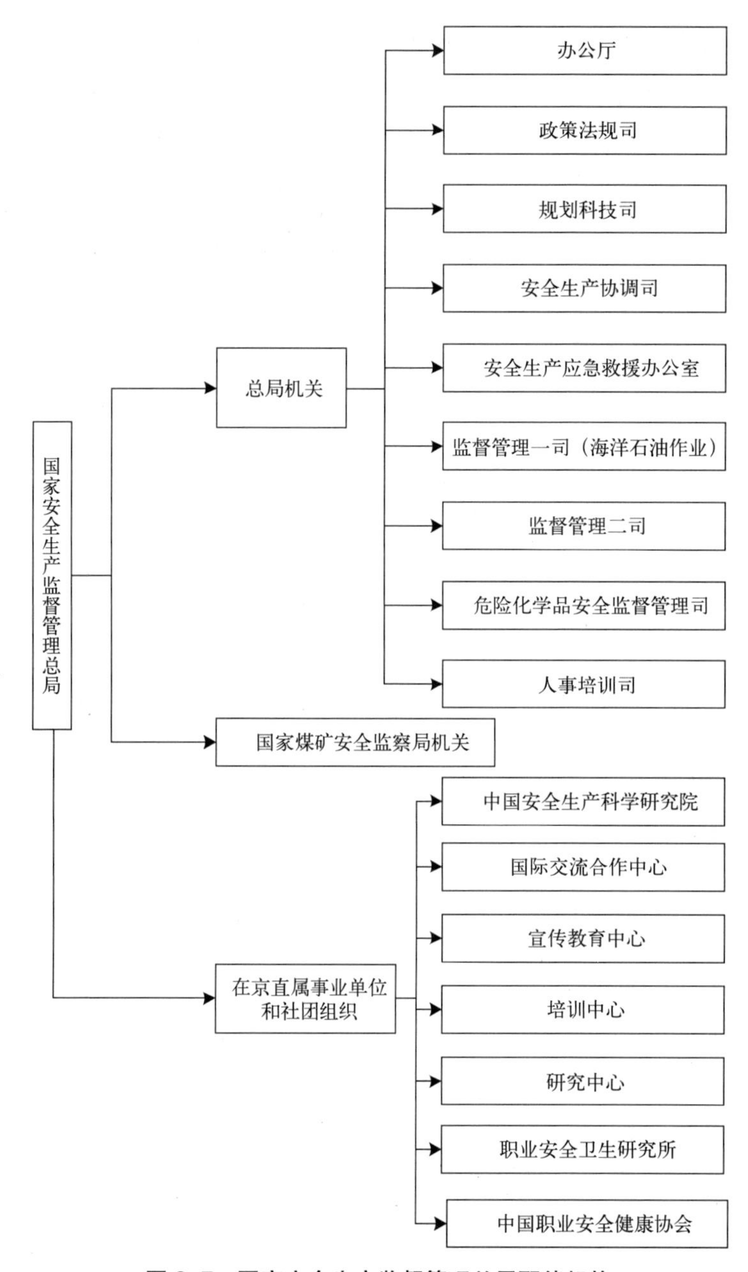

图 2-7　国家安全生产监督管理总局职能机构

2.7.4　其他构成要素

建设单位是首要的管理者，它受到安全监督机构监管，同时还可以监督施工单位和监理单位等。而监理单位是第三方管理者，它受到安全监督机构和建设单位的监管，同时还监理施工单位的安全生产行为。施工单位处在管理体系的最末端，是名副其实的被管理者[42]。但是建设项目能否确保施工安全不仅仅是施工单位的责任，而是所有相关部门共同负责的结果。

（1）建设单位

作为在建项目的投资主体，施工全过程的资金流向都受到建设单位直接控制，整个项目安全投入是否达标，与建设单位的资金拨付有直接关系，施工单位、监理单位的资金来源受到建设单位的直接影响。因此，建设单位在工程建设中居决定性地位，所有安全事故的发生几乎都与建设单位有直接关系，其对工程的安全生产负有重要责任。

（2）监理单位

对于监理单位而言，它受建设单位委托对施工单位的安全行为进行必要的协调和约束，工作的核心任务就是“监理”。我国市场经济还不成熟，建设行业持续繁荣，衍生产业异常红火，独立的经济个体受经济利益的驱动，纷纷投身建设领域，造成了我国施工单位的施工水平、管理水平参差不齐。监理质量的高低极大地影响了施工安全。

（3）施工单位

对于承包商而言，它是把工程由图纸变为实物的缔造者。在建设工程生产中处于核心地位。施工阶段受各种主、客观因素制约，容易发生安全事故，施工单位“硬件”和“软件”能否满足项目建设的需要是过程安全控制的基础，主要包括关键岗位安全生产责任制是否落实，从业人员的安全意识是否到位，安全防护用品发放和使用是否全面等[43]。

（4）其他有关单位

包括设计单位、勘察单位、租赁单位、中介组织和保险机构等，他们在一定程度上影响施工安全，但是受到的制约因素较多，如牵扯到安全隐患的，设计单位和勘察单位只要提前预判，做出设计方案，并得到主管部门的认可，他们的影响到此为止；而租赁单位所租赁的设备只有提供必要的认证才可以得到认可。

综上所述，我国的建设工程安全监督管理体系是一个庞大而复杂的系统工程，是一个协作与制约的矛盾共同体。要想保证整个体系高效运转，各组成要素身份定位要明确，严格行使权利和履行义务。

2.8　我国建设工程安全监督模式的不足

我国建筑施工安全政府监督管理无论是在制度建设，还是在规范化建设和法制化建设上都取得了很大的进步。但是建设工程安全政府监督管理对我们来说还处于不断摸索、完善和发展的阶段，工程建设仍然存在比较多的问题：

（1）建筑领域法律法规修订不及时，管理不统一

现行的法律法规制定的时间较早，很多已经不能适应当前建筑市场发展的需要；建设工程安全领域中的三大法律《建筑法》、《劳动法》和《安全生产法》分别由建设部、劳动部和国家安全生产监督局起草和实施，在一定程度上造成了工程建设领域的多重管辖。不同部门对建设方和建筑企业进行安全管理的时候，所依据的法律条例有很大的出入[44]。

由于《安全生产法》实际覆盖范围有限，实施机构的优先权力不高，对工程建设领域的影响远远不够。目前，在建设工程安全管理领域采用的法规包括国家法律、国务院行政法规、各部门规章、国家及行业标准和地方法规与标准，它们由不同的部门和各级政府制订，其中很多条款存在着内容重复或矛盾的地方，从一定程度上讲工程建设领域的法律体系显得杂乱、不成系统。

（2）相应法规和条例修订时间过长

总体来看，我国的相应法规和条例修订时间过长，例如，《安全生产法》从提案到出台，前后一共经历了 21 年的历程。随着经济的快速发展，工程建设市场也势必获得飞速发展，只有健全的法律制度、完善的法律提案和修订体系，才能保证建筑施工市场更加规范和科学。

（3）安全监督管理人员水平偏低

安全执法和监督管理机构的人才资源和执法人员的技术水平也难以满足要求。我国传统的监督管理方法一般都采用行政手段，不按经济规律办事，时常发生行政权力盲目干预工程建设生产的正常秩序，干扰了市场的公平竞争，增加了企业的成本。

此外，法律法规的可操作性差，职业安全与健康标准不健全，不能与时代发展相适应；急需的法规空缺，同时有些领域法规还存在着大量重复和交叉等。很多管理的依据不是停留在对某一法律问题进行的补充，就是对市场上大量发生的某一问题做出的单一解释，并没有上升到法律的高度，这就容易使得企业在安全生产和劳动保护中出现怠慢[45]。

（4）工程建设相关技术标准不完善

工程建设的空白领域多，标准数量少，与工业发达国家相比，我们的安全生产的标准等级还十分落后。现有的许多安全标准远远落后时代发展，在技术指标方面处于落后或被淘汰状态，逐渐失去了标准的指导作用[46]。

第 3 章　建设工程安全管理影响因子研究

采用问卷调查的方式对影响建设工程安全管理的主要成分进行调查，问卷调查对象涵盖了涉及施工现场相关工作的建设单位、监理单位和施工单位三方。调查问卷共计 25 个问题。利用 SPSS17.0 软件对反馈回来的调查问卷进行信度检验和因子分析，得到影响建设工程安全的三个公共因子，通过对公共因子的分析，研究施工单位的安全管理现状，排查存在的问题，为抓好建设工程安全监督管理工作提供依据。

3.1　调查问卷的主要内容

首先对建筑施工企业安全管理现状进行问卷调查，主要内容有：

（1）安全管理的宏观监督管理模式、安全监管的方式和方法、安全监管的程序、安全监管的力度、安全监管取得的效果、安全监管存在的问题及下一步需要改进的措施。

（2）安全管理层人员的确定、安全管理机构的人员配备、安全管理规章制度的制定、安全约束机制的建立，以及安全检查、教育、交底等与施工现场相关的制度执行和优化情况、安全投入等。通过问卷调查，可以了解安全组织管理是否到位，安全机构运转是否正常。

（3）安全管理漏洞带来的潜在风险的调查是分析施工企业安全管理状况的关键。内容有：安全奖罚制度是否执行、人员行为检查是否到位、安全设施是否监控到位等。

（4）施工企业及项目部安全管理自律的程度是企业履行职责的核心要素。通过对项目的安全管理进行调查，可以了解施工企业安全管理规章制度是否执行到位，可以检验以上要素的作用。

（5）涉及安全文化的内容有：企业安全理念的确定、企业安全宣传活动的开展、人员安全意识的现状、企业安全组织文化的基础、企业人员安全工作的凝聚性等。

（6）项目安全管理的典范体现施工企业内部项目间安全典范的作用，对其他项目可以树立学习的榜样。内容有：安全管理的效果、建筑施工安全质量标准化创建的数量、安全质量标准化创建的措施等。

3.2 调查问卷的编制

调查问卷是调查者运用统一设计的问卷向被调查者了解情况或征询意见的一种方式。问卷调查的主要内容就是被采访者对问题的回答，通过调查问卷实现研究者与调查对象之间的互动交流。所以，调查问卷提出的问题必须体现客观公正的立场、调查问卷的制订一定要遵循价值观的中立。良好的调查问卷设计过程，必将为后续研究工作的开展打下坚实的基础。

“工程建设单位安全管理影响因子”调查问卷的设计主要包括如下步骤：

（1）明确调查目的

在全国范围内进行调查，从而了解我国建设工程安全管理的现状，以及安全监督管理在我国工程建设中的相关问题。

（2）确定调查对象

因为在工程建设中，项目管理人员、技术人员和现场工人在个人素质和专业知识上都有很大的不同。所以，本次问卷调查的问询对象分为四类：施工现场的项目管理人员、技术人员、工人和监理人员。

（3）确定问卷类型

①调查方式：本次采用的调查方式是访员现场调查和函调相结合。

②填答方式：被调查对象自填问卷。

③回答问题方式：本次问卷为封闭式问卷，每个问题后有 3 ～ 5 个选项（A、B、C、D、E），被调查者根据自身情况选择。

（4）调查问卷的内容

问卷的项目内容见附表。

3.3 调查的范围

本次共发出问卷 300 份，收回有效问卷 285 份。下面将关键要素的答案逐一进行统计分析，进而了解建筑施工企业安全管理现状。

3.3.1 调研基本信息

通过图 3-1 和图 3-2，可以看出被访谈人员年龄构成图接近正态分布，说明调查问卷可信度较高。

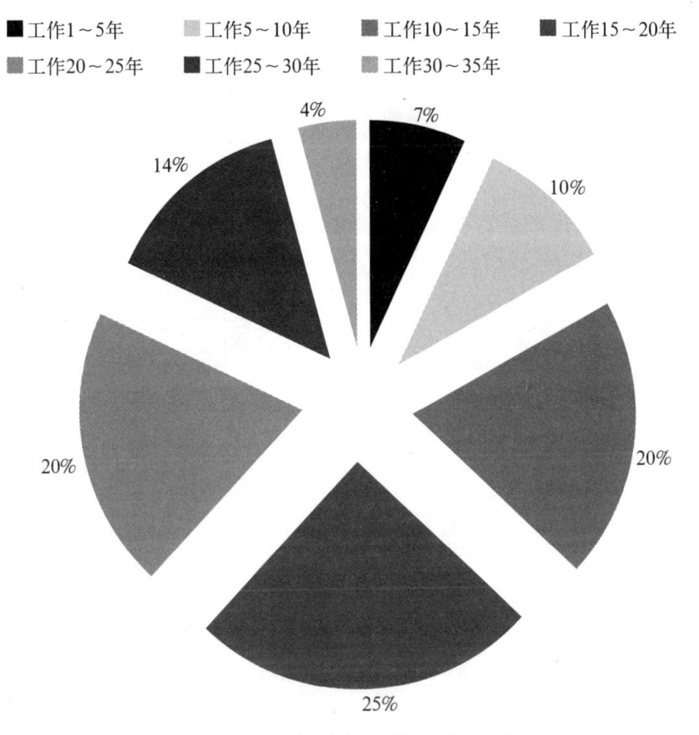

图 3-1　被访谈人员年龄构成比例图

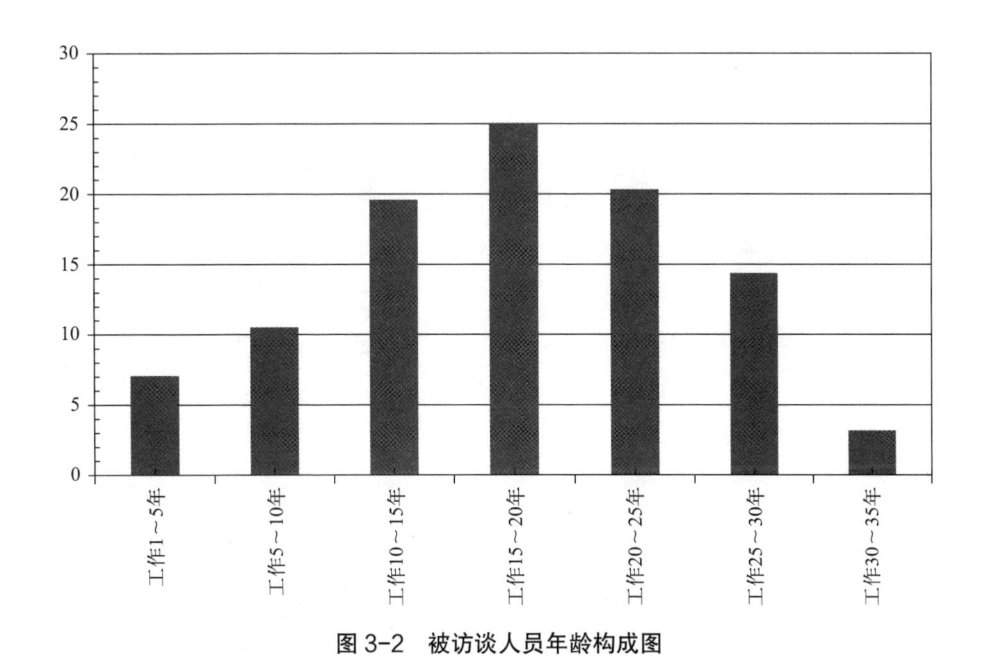

图 3-2　被访谈人员年龄构成图

调查问卷的地域分布情况见表 3-1，调查对象的岗位分布情况见图 3-3，工程类别分布情况见图 3-4。

调查问卷地域分布情况　　表 3-1

调查地区	调查表收回数量（份）	所占比例（%）
北京	45	15.8
沈阳	10	3.5
天津	35	12.2
郑州	12	4.2
青岛	24	8.4
南京	30	10.5
苏州	35	12.3
上海	20	7.0
厦门	15	5.3
广州	35	12.3
西安	14	4.9
重庆	10	3.5

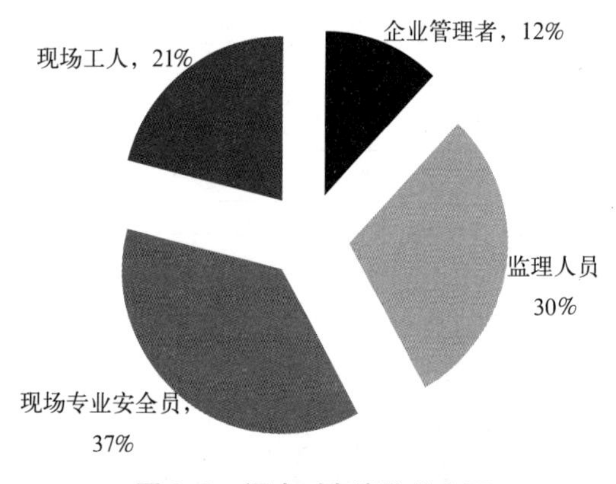

图 3-3　调查对象岗位分布图

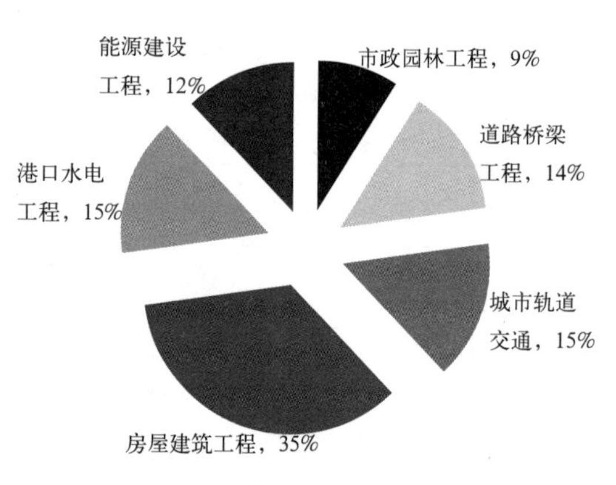

图 3-4　工程类别分布图

3.3.2　受访者基本情况

（1）工人基本情况

从表 3-2 可以看出，本次调查的工种都比较有代表性。由于建筑工程工作的特点，工人的年龄主要集中在 18 ~ 45 岁。从工作经验的工龄指标来看，具有 2 ~ 5 年和 5 ~ 10 年工龄的工人最多，分别占总人数的 20% 和 36%，而具有 10 ~ 15 年和 15 年以上工龄的工人所占比例分别为 24% 和 10%。从工作时长来看，建筑工地时间比较长，工人每天工作 8 ~ 10 小时和 11 ~ 12 小时的占了 95%。

工人基本情况调查分析表　　　　表 3-2

	工种分布情况		工人年龄构成比		现场工人工龄构成比		现场工人工作时长			
	工种	百分比	人员年龄	百分比	工作年限	百分比	工作天数	百分比	每日时长	百分比
工人情况调查表	木工	15%	18 ~ 25 岁	32%	1 ~ 2 年	10%	7 天 / 周	70%	8 ~ 10 小时 / 天	60%
	钢筋工	13%	25 ~ 35 岁	13%	2 ~ 5 年	20%	6 天 / 周	20%	11 ~ 12 小时 / 天	35%
	混凝土工	12%	35 ~ 40 岁	10%	5 ~ 10 年	36%	5 天 / 周	10%	13 ~ 14 小时 / 天	4%
	瓦工	13%	40 ~ 45 岁	17%	10 ~ 15 年	24%			15 ~ 16 小时 / 天	1%
	抹灰工	15%	45 ~ 50 岁	10%	15 ~ 20 年	10%				
	水暖工	12%	50 ~ 55 岁	3%						
	机械操作工	20%	55 ~ 60 岁	3%						

（2）管理人员的基本信息

由表 3-3 可见，管理人员的年龄主要集中在 25 ~ 40 岁，占总人数的 58%，其中 25 ~ 35 岁这个年龄段最多，占 43%；其次是 40 ~ 45 岁，占 22%。由于现场的项目管理者年龄相对较轻，工作经验有限，5 年以下工龄的比例最高，达到 50%；而 5 ~ 10 年的占 21%；10 年以上的占 29%，还不到现场项目管理人员总数的三成。由此看来，目前我国工程项目管理方面存在着严重缺乏管理人才的局面。

现场管理人员基本情况调查分析表　　　　表 3-3

	人员岗位分布情况	管理人员年龄构成		现场工人工龄构成比			现场工人工作时长			
	岗位	百分比	人员年龄	百分比	工作年限	百分比	工作天数	百分比	每日时长	百分比
管理人员情况调查表	甲方代表	1%	18 ~ 25 岁	2%	1 ~ 2 年	5%	7 天 / 周	42%	8 ~ 10 小时 / 天	62.5%
	项目经理	5%	25 ~ 35 岁	43%	2 ~ 5 年	45%	6 天 / 周	45%	11 ~ 12 小时 / 天	25%
	技术负责人	12%	35 ~ 40 岁	15%	5 ~ 10 年	21%	5 天 / 周	13%	13 ~ 14 小时 / 天	2%
	技术员	14%	40 ~ 45 岁	22%	10 ~ 15 年	19%			15 ~ 16 小时 / 天	0.5%
	施工员	15%	45 ~ 50 岁	12%	15 ~ 20 年	10%				
	安全员	23%	50 ~ 55 岁	4%						
	质检员	10%	55 ~ 60 岁	2%						
	班组长	10%								

现场管理人员每周工作 6 ～ 7 天的占 87%，每天工作 8 ～ 12 小时的占 87.5%，其中 11 ～ 12 小时的占 25%。可见由于中国目前工程建设的紧迫性要求，广大施工现场管理人员和工人长期处于超负荷的工作状态，从一定角度来说不利于提高加强安全工作的积极性。

（3）监理人员的基本信息

通过表 3-4 分析可知，监理队伍中 23 ～ 35 岁的监理人员占 50%，其中 25 ～ 35 岁的占了 45%。由于工程监理制度实施的时间不久，加之工程监理担负的责任较大，造成监理人员承受的压力较大，人员流动性较强。这其中，具有 5 ～ 10 年以上工作经验的监理人员只有 30%，而仅有 5 年以下工作经验的监理人员却占了 50%，监理队伍没有形成可持续发展的局面，反而呈现逐年下降的趋势。由于监理工作的重要性，如果任由以上情况持续发展，必然带来施工工作的安全隐患。

监理人员情况调查分析表　　表 3-4

	监理岗位分布情况		管理人员年龄构成		监理岗位工龄构成比		监理人员工作时长			
	岗位	百分比	人员年龄	百分比	岗位工龄	百分比	工作天数	百分比	每日时长	百分比
监理人员情况调查表	一般监理人员	40%	23 ～ 25 岁	50%	1 ～ 2 年	5%	7 天 / 周	26%	8 ～ 10 小时 / 天	53%
	专业监理工程师	45%	25 ～ 35 岁	45%	2 ～ 5 年	45%	6 天 / 周	60%	11 ～ 12 小时 / 天	34%
	总监理工程师	15%	35 ～ 40 岁	15%	5 ～ 10 年	30%	5 天 / 周	14%	13 ～ 14 小时 / 天	12%
			40 ～ 45 岁	20%	10 ～ 15 年	15%			15 ～ 16 小时 / 天	1%
			45 ～ 50 岁	10%	15 ～ 20 年	5%				
			50 ～ 55 岁	3%						
			55 ～ 60 岁	2%						

3.4　研究方法的确定

本次问卷统计分析，拟采用因子分析法。因子分析法可以将描述某一事物的多个变量减为描述该事物的少数几个潜在变量。因子分析法在研究初期不用假设某种结构关系或模型，仅通过处理大量数据就可以将多个研究变量（即问题）变成有限个影响因子，使研究对象更加明确。它将大量的观测资料进行数据输入，通过相关计算输出的是有限个数的公共因子，这些公共因子具有更高级、更抽象的特点。

3.4.1　因子分析法概述

（1）概念

用少数几个因子描述许多指标或因素之间的联系，以较少几个因子反映原资料大部分信息的统计学分析方法。从数学角度来看，因子分析法是一种化繁为简的降维处理技术。

（2）特点

①因子变量的数量远少于原有的指标变量的数量，因而对因子变量的分析能够减少分析中的工作量；

②因子变量不是对原始变量的取舍，而是根据原始变量的信息进行重新组构，它能够反映原有变量大部分的信息；

③因子变量之间不存在显著的线性相关关系，对变量的分析比较方便，但原始部分变量之间多存在较显著的相关关系；

④因子变量具有命名解释性，即该变量是对某些原始变量信息的综合反映。

在保证数据信息丢失最少的原则下，对高维变量空间进行降维处理（即通过因子分析或主成分分析）。显然，在一个低维空间解释系统要比在高维空间容易得多。

（3）分析原理

假定：有 n 个样本，每个样本共有 p 个变量，构成一个 $n\times p$ 阶的数据矩阵：

$$X=\begin{bmatrix} X_{11} & X_{12} & \cdots & X_{1p} \\ X_{21} & X_{22} & \cdots & X_{2p} \\ \vdots & \vdots & \vdots & \vdots \\ X_{n1} & X_{n2} & \cdots & X_{np} \end{bmatrix} \tag{3-1}$$

当 p 较大时，在 p 维空间中考察问题比较麻烦。这就需要进行降维处理，即用较少几个综合指标代替原来的指标，并且使这些综合指标尽可能多地反映原来指标所反映的信息，同时它们之间又是彼此独立的。

线性组合：记 $x_1, x_2, \cdots, x_p$ 为原变量指标，$z_1, z_2, \cdots, z_p$（$m \leqslant p$）为新变量指标（主成分），则其线性组合为：

$$\begin{cases} z_1=l_{11}x_1+l_{12}x_2+\cdots+l_{1p}x_p \\ z_2=l_{21}x_1+l_{22}x_2+\cdots+l_{2p}x_p \\ \quad\quad\vdots \\ z_m=l_{m1}x_1+l_{m2}x_2+\cdots+l_{mp}x_p \end{cases} \tag{3-2}$$

L_{ij} 是原变量在各主成分上的载荷。

无论是哪一种因子分析方法，其相应的因子解都不是唯一的，主因子解仅仅是无数因子解中之一。

z_i 与 z_j 相互无关；

z_1 是 x_1，x_2，…，x_p 的一切线性组合中方差最大者，z_2 是与 z_1 不相关的 x_1，x_2，…的所有线性组合中方差最大者。则，新变量指标 z_1，z_2，…分别称为原变量指标的第一，第二……主成分。

Z 为因子变量或公共因子，可以理解为在高维空间中互相垂直的 m 个坐标轴。主成分分析实质就是确定原来变量 x_j（j=1，2，…，p）在各主成分 z_i（i=1，2，…，m）上的荷载 l_{ij}。

从数学上可以证明，它们分别是相关矩阵的 m 个较大的特征值所对应的特征向量。

3.4.2 分析步骤

（1）确定待分析的原有若干变量是否适合进行因子分析

因子分析是从众多原始变量中重构少数几个具有代表意义的因子变量的过程。其潜在的要求是：原有变量之间具有比较强的相关性。因此，需要先进行相关分析，计算原始变量之间的相关系数矩阵。如果在进行统计检验时，大部分相关系数均小于 0.3 且未通过检验，则这些原始变量就不太适合进行因子分析。

$$r_{ij}=\frac{\sum_{k=1}^{n}(X_{ki}-\overline{X}_i)(X_{kj}-\overline{X}_j)}{\sqrt{\sum_{k=1}^{n}(X_{ki}-\overline{X}_i)^2\sum_{k=1}^{n}(X_{kj}-\overline{X}_j)^2}} \tag{3-3}$$

$$R=\begin{bmatrix} r_{11} & r_{12} & \cdots & r_{1p} \\ r_{21} & r_{22} & \cdots & r_{2p} \\ \vdots & \vdots & \vdots & \vdots \\ r_{p1} & r_{p2} & \cdots & r_{pp} \end{bmatrix} \tag{3-4}$$

进行原始变量的相关分析之前，需要对输入的原始数据进行标准化计算（一般采用标准差标准化方法，标准化后的数据均值为 0，方差为 1）。

SPSS 在因子分析中还提供了几种判定是否适合因子分析的检验方法。主要有以下三种：

①巴特利特球形检验

该检验以变量的相关系数矩阵作为出发点，它的零假设 H_0 是一个单位阵，即相关系数矩阵对角线上的所有元素都为 1，而所有非对角线上的元素都为 0，也即原始变量两两之间不相关。

巴特利特球形检验的统计量由相关系数矩阵的行列式得到。如果该值较大，且其对应的相伴概率值小于用户指定的显著性水平，那么就应拒绝零假设 H_0，认为相关系数不可能是单位阵，也即原始变量间存在相关性。

②反映象相关矩阵检验

该检验以变量的偏相关系数矩阵作为出发点，将偏相关系数矩阵的每个元素取反，得到反映象相关矩阵。

偏相关系数是在控制了其他变量影响的条件下计算出来的相关系数，如果变量之间存在较多的重叠影响，那么偏相关系数就会较小，这些变量较适合进行因子分析。

③ KMO（*Kaiser-Meyer-Olkin*）检验

该检验的统计量用于比较变量之间的简单相关和偏相关系数。

KMO 值介于 0 ～ 1，越接近 1，表明所有变量之间的简单相关系数平方和远大于偏相关系数平方和，就越适合因子分析。

其中，*Kaiser* 给出一个 KMO 检验标准：KMO ＞ 0.9，非常适合；0.8 ＜ KMO ＜ 0.9，适合；0.7 ＜ KMO ＜ 0.8，一般；0.6 ＜ KMO ＜ 0.7，不太适合；KMO ＜ 0.5，不适合。

（2）构造因子变量

因子分析中有很多确定因子变量的方法，如基于主成分模型的主成分分析和基于因子分析模型的主轴因子法、极大似然法、最小二乘法等。前者应用最为广泛。

主成分分析法（*Principal component analysis*）：该方法通过坐标变换将原有变量作线性变化，转换为另外一组不相关的变量 Z_i（主成分）。求相关系数矩阵的特征根 λ_1（λ_1，$\lambda_2\cdots$，$\lambda_p > 0$）和相应的标准正交的特征向量 l_i；根据相关系数矩阵的特征根，即公共因子 Z_j 的方差贡献（等于因子载荷矩阵 L 中第 j 列各元素的平方和），计算公共因子 Z_j 的方差贡献率与累积贡献率。

$$\frac{\sum_{k=1}^{i}\lambda_k}{\sum_{k=1}^{p}\lambda_k}\quad (i=1,2,\cdots,p) \tag{3-5}$$

$$\frac{\lambda_i}{\sum_{k=1}^{p}\lambda_k}\quad (i=1,2,\cdots,p) \tag{3-6}$$

主成分分析是在一个多维坐标轴中将原始变量组成的坐标系进行平移变换，使得新的坐标原点和数据群点的重心重合。新坐标第一轴与数据变化最大方向对应。通过计算特征根（方差贡献）和方差贡献率与累积方差贡献率等指标，判断选取公共因子的数量和公共因子（主成分）所能代表的原始变量信息。

公共因子个数的确定准则：

①根据特征值的大小确定，一般取大于 1 的特征值对应的几个公共因子 / 主成分。

②根据因子的累积方差贡献率确定，一般取累计贡献率达 85% ～ 95% 的特征值所对应的第一、第二、…、第 m（$m \leqslant p$）个主成分。也有学者认为累积方差贡献率应在 80% 以上。

（3）因子变量的命名解释

因子变量的命名解释是因子分析的另一个核心问题。经过主成分分析得到的公共因子主成分 Z_1，Z_2，…，Z_m 是对原有变量的综合。原有变量是有物理含义的变量，对它们进行线性变换后，得到的新的综合变量。

在实际的应用分析中，主要通过对载荷矩阵进行分析，得到因子变量和原有变量之间的关系，从而对新的因子变量进行命名。利用因子旋转方法能使因子变量更具有可解释性。

计算主成分载荷，构建载荷矩阵 A。

$$a_{ij}=\sqrt{\lambda_i}\,l_{ij}\ (i,j=1,2,\cdots,p) \tag{3-7}$$

$$A=\begin{bmatrix} a_{11} & a_{12} & \cdots & a_{1m} \\ a_{21} & a_{21} & \cdots & a_{2m} \\ \cdots & \cdots & \cdots & \cdots \\ a_{p1} & a_{p1} & \cdots & a_{pm} \end{bmatrix}=\begin{bmatrix} l_{11}\sqrt{\lambda_1} & l_{12}\sqrt{\lambda_2} & \cdots & l_{1m}\sqrt{\lambda_m} \\ l_{21}\sqrt{\lambda_1} & l_{21}\sqrt{\lambda_2} & \cdots & l_{2m}\sqrt{\lambda_m} \\ \cdots & \cdots & \cdots & \cdots \\ l_{p1}\sqrt{\lambda_1} & l_{p1}\sqrt{\lambda_2} & \cdots & l_{pm}\sqrt{\lambda_m} \end{bmatrix} \tag{3-8}$$

$$\begin{cases} Z_1=l_{11}X_1+l_{12}X_2+\cdots+l_{1p}X_p \\ Z_2=l_{21}X_1+l_{22}X_2+\cdots+l_{2p}X_p \\ \quad\vdots \\ Z_m=l_{m1}X_1+l_{m2}X_2+\cdots+l_{mp}X_p \end{cases} \tag{3-9}$$

$$\begin{cases} X_1=a_{11}Z_1+a_{12}Z_2+\cdots+a_{1p}Z_p \\ X_2=a_{21}Z_1+a_{22}Z_2+\cdots+a_{2p}Z_p \\ \quad\vdots \\ X_m=a_{m1}Z_1+a_{m2}Z_2+\cdots+a_{mp}Z_p \end{cases} \tag{3-10}$$

计算主成分载荷，构建载荷矩阵 A。载荷矩阵 A 中某一行表示原有变量与公共因子 / 因子变量的相关关系。载荷矩阵 A 中某一列表示某一个公共因子 / 因子变量能够解释的原有变量 X_i 的信息量。有时因子载荷矩阵的解释性不太好，通常需要进行因子旋转，使原有因子变量更具有可解释性。因子旋转的主要方法：正交旋转、斜交旋转。

$$A=\begin{bmatrix} a_{11} & a_{12} & \cdots & a_{1\mathrm{m}} \\ a_{21} & a_{21} & \cdots & a_{2\mathrm{m}} \\ \cdots & \cdots & \cdots & \cdots \\ a_{\mathrm{p}1} & a_{\mathrm{p}1} & \cdots & a_{\mathrm{pm}} \end{bmatrix}=\begin{bmatrix} l_{11}\sqrt{\lambda_1} & l_{12}\sqrt{\lambda_2} & \cdots & l_{1\mathrm{m}}\sqrt{\lambda_{\mathrm{m}}} \\ l_{21}\sqrt{\lambda_1} & l_{21}\sqrt{\lambda_2} & \cdots & l_{2\mathrm{m}}\sqrt{\lambda_{\mathrm{m}}} \\ \cdots & \cdots & \cdots & \cdots \\ l_{\mathrm{p}1}\sqrt{\lambda_1} & l_{\mathrm{p}1}\sqrt{\lambda_2} & \cdots & l_{\mathrm{pm}}\sqrt{\lambda_{\mathrm{m}}} \end{bmatrix} \tag{3-11}$$

（4）计算因子变量得分

因子变量确定以后，对于每一个样本数据，我们希望得到它们在不同因子上的具体数据值，即因子得分。估计因子得分的方法主要有：回归法、*Bartlette* 法等。计算因子得分应首先将因子变量表示为原始变量的线性组合，即：

$$\begin{cases} z_1=l_{11}x_1+l_{12}x_2+\cdots+l_{1\mathrm{p}}x_{\mathrm{p}} \\ z_2=l_{21}x_1+l_{22}x_2+\cdots+l_{2\mathrm{p}}x_{\mathrm{p}} \\ \quad\vdots \\ z_{\mathrm{m}}=l_{\mathrm{m}1}x_1+l_{\mathrm{m}2}x_2+\cdots+l_{\mathrm{mp}}x_{\mathrm{p}} \end{cases} \tag{3-12}$$

回归法，即 *Thomson* 法：得分是由贝叶斯（*Bayes*）思想导出的，得到的因子得分是有偏的，但计算结果误差较小。贝叶斯判别思想是根据先验概率求出后验概率，并依据后验概率分布做出统计推断。

Bartlett 法：*Bartlett* 因子得分是极大似然估计，也是加权最小二乘回归，得到的因子得分是无偏的，但计算结果误差较大。因子得分可用于模型诊断，也可用作聚类分析、回归分析等的原始资料。

3.5　问卷分析结果

在使用 SPSS17.0 统计软件对数据集的 25 个安全生产管理问题进行因子分析方法研究时，我们采用了因子提取的通常方法：主成分分析法，因子旋转方法采用的是正交旋转法。

3.5.1 数据输入

根据调查的具体情况，为调查问卷的结果赋值，本文将A、B、C、D、E的选项依次赋值为1、2、3、4、5，进行数据输入后的界面如图3-5所示。

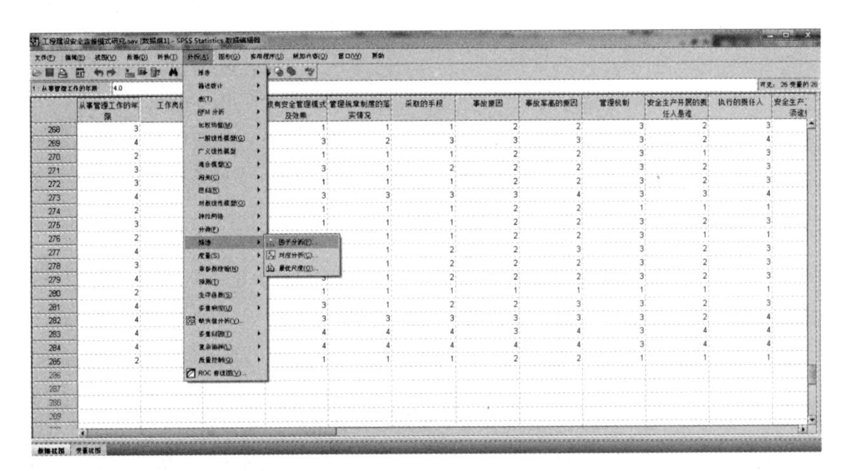

图3-5 建设工程安全监督模式调查研究问卷数据输入

3.5.2 调查问卷“信度检验”

“信度”指可靠度，是指观测数据的可信程度。它主要表现测验结果的一贯性、一致性、再现性和稳定性。“信度”只受随机误差的影响，随机误差越大，测验的信度越低。信度系数是衡量测验好坏的一个重要技术指标，测验的信度系数越高，说明测验值越易接受，信度系数的变化范围是0～1。信度系数的估算方法一般采用“信度系数估算法”。

由于本次现场调查是通过随机发放调查问卷进行的，为了避免数据的系统误差，首先对收集到的调查结果从数理统计的角度进行验证。这里，我们选择了最常用的克隆巴赫—阿尔法信度（*Cronbach's alpha*）检验系数法评判现场问卷的可信度。运用SPSS17.0统计软件中克隆巴赫系数—阿尔法信度检验功能对问卷中25个建筑工程安全管理问题的信度进行了检验，得到a=0.984，见表3-5。一般认为，如果克隆巴赫系数—阿尔法检验的值达到0.7，就可以认为其问卷调查的结果是可信的。由此可以判断，本次调查结果应该是可靠的。

案例处理汇总与可靠性统计量　　表3-5

有效问卷数量		无效已排除数量		可靠性统计量	
N（个）	比例%	N（个）	比例%	克隆巴赫系数	项数
282	98.9	3	1.1	0.984	25

3.5.3 SPSS 软件输出结果

（1）KMO 测度和 *Bartlett* 球形检验结果，见表 3-6。

KMO 和 *Bartlett* 的检验　　表 3-6

KMO 测度	*Bartlett* 的球体检验		
0.928	近似卡方检验	自由度 *df*	伴随概率 *Sig.*
	16635.997	300	0.000

KMO 是 *Kaiser-Meyer-Olkin* 的取样适当性量数。KMO 测度的值越高(接近 1.0 时)，表明变量间的共同因子越多，研究数据适合用因子分析。通常按以下标准解释该指标值的大小：KMO 值达到 0.9 以上为非常好，0.8 ～ 0.9 为好，0.7 ～ 0.8 为一般，0.6 ～ 0.7 为差，0.5 ～ 0.6 为很差。如果 KMO 测度的值低于 0.5 时，表明样本偏小，需要扩大样本，此处的 KMO 值为 0.928，表示适合进行因素分析。

Bartlet 球体检验的目的是检验相关矩阵是否为单位矩阵（*identity matrix*），如果是单位矩阵，则认为因子模型不合适。*Bartlet* 球体检验的零假设认为相关矩阵是单位阵，如果不能拒绝该假设的话，就表明数据不适合用于因子分析。一般说来，显著水平值越小（< 0.05），表明原始变量之间越可能存在有意义的关系；如果显著性水平很大（如 0.10 以上），可能表明数据不适宜于因子分析。本例中，*Bartlett* 球形检验的 χ^2 值为 16635.997（自由度为 300），伴随概率值为 $0.000 < 0.01$，达到了显著性水平，说明拒绝零假设而接受备择假设，即相关矩阵不是单位矩阵，代表母群体的相关矩阵间有共同因素存在，适合进行因素分析。

（2）旋转前总的解释方差结果，见表 3-7。

解释的总方差表　　表 3-7

成份	初始特征值			提取平方和载入			旋转平方和载入		
	合计	方差 %	累积 %	合计	方差 %	累积 %	合计	方差 %	累积 %
1	19.225	76.901	76.901	19.225	76.901	76.901	10.761	43.045	43.045
2	2.028	8.111	85.011	2.028	8.111	85.011	8.193	32.771	75.815
3	1.271	5.085	90.097	1.271	5.085	90.097	3.570	14.281	90.097
4	0.614	2.456	92.553						
5	0.418	1.672	94.225						
6	0.319	1.274	95.500						
7	0.235	0.941	96.440						

续表

成份	初始特征值			提取平方和载入			旋转平方和载入		
	合计	方差 %	累积 %	合计	方差 %	累积 %	合计	方差 %	累积 %
8	0.155	0.620	97.061						
9	0.131	0.525	97.585						
10	0.112	0.448	98.033						
11	0.085	0.341	98.374						
12	0.066	0.264	98.638						
13	0.060	0.242	98.880						
14	0.046	0.185	99.065						
15	0.045	0.182	99.247						
16	0.034	0.137	99.384						
17	0.027	0.110	99.493						
18	0.027	0.108	99.602						
19	0.024	0.096	99.698						
20	0.018	0.074	99.772						
21	0.016	0.062	99.834						
22	0.014	0.054	99.889						
23	0.013	0.051	99.939						
24	0.009	0.035	99.974						
25	0.006	0.026	100.00						

注：提取方法采用主成分分析法。

上表叫作总的解释方差表。第一栏为各成分（*Component*）的序号，共有 25 个变量，所以有 25 个成分。第二栏为初始特征值，共由三部分构成："合计" 为各成分的特征值，其中只有 3 个成分的特征值超过了 1，其余成分的特征值都没有达到或超过 1。"方差 %" 为各成分所解释的方差占总方差的百分比，即各因子特征值占总特征值总和的百分比。"累积 %" 为各因子方差占总方差百分比的累计百分比。如在 "方差 %" 中，第一和第二成分的方差百分比分别为 76.901、8.111，而在 "累计 %" 中，第一成分的累计百分比仍然为 76.901，第二成分的累计方差百分比则为 85.011，即是两个成分方差百分比的和（76.901+8.111）。

第三栏为因子提取的结果，未旋转解释的方差。第三栏与第二栏的前三行完全相同，即把特征值大于 1 的三个成分或因子单独列出来了。这三个特征值由大到小排列，所以第一个共同因子的解释方差最大。

第四栏为旋转后解释的方差。"旋转平方和载入" 栏为旋转后的特征值。与旋转前的“提取平方和载入”栏内的合计相比，不难发现，四个成分的特征值有所变化。旋转前的特征值从 19.225 到 1.271，最大特征值与最小特征值之间的差距比较大，而旋转后的特征值相对集中缩小为 10.761 和 3.570。尽管如此，旋转前、后的总特征值没有改变，最后的累计方差百分比也没有改变，仍然为 90.097%。

（3）碎石图

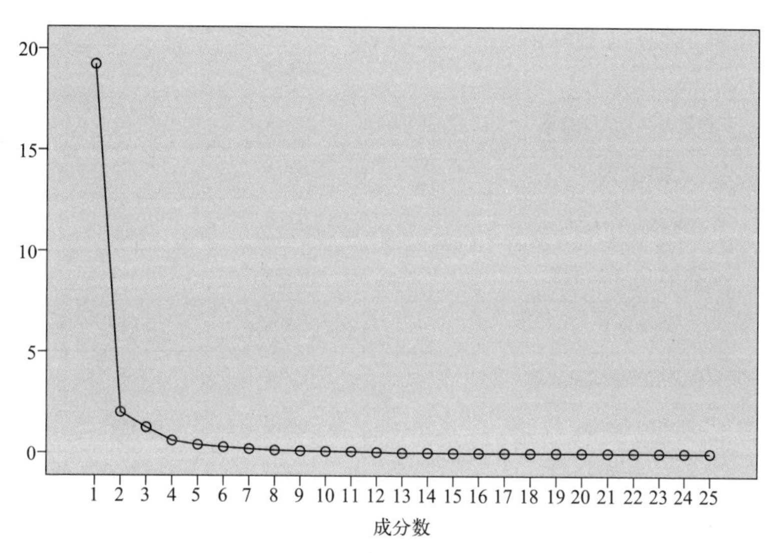

图 3-6 碎石图

碎石图与表 3-7 中被解释的总方差的作用相同，都是为了确定因子的数目。从碎石图可以看出，从第 4 个因子开始，以后的曲线变得比较平缓，最后接近一条直线。据此，可以抽取 3 个因子，这与解释的总方差表内容表述一致。

（4）成分矩阵

表 3-8 的成分矩阵是每个变量在未旋转的成分或因子上的因子负荷量。例如“采取的手段”$=0.949F_1+0.127F_2-0.177F_3$。

成分矩阵 表 3-8

调查因素	成分		
	1	2	3
安全检查、教育、交底工作如何开展	0.956	–0.185	
采取的手段	0.949	0.127	–0.177
制度的彻底落实必须谁重视	0.948		
工作岗位	0.947		

续表

调查因素	成分		
	1	2	3
事故率高的原因	0.947		-0.119
安全生产开展的责任人是谁	0.940		
持续改进需要谁重视	0.938		-0.271
安全文化氛围	0.936		-0.155
是否应持续改进	0.921	0.251	-0.118
工作做得差的惩罚措施	0.919	0.240	-0.149
事故原因	0.915		
监管情况的了解	0.909	0.322	-0.107
从事管理工作的年限	0.898	-0.349	
安全效果	0.896	-0.146	0.229
现有安全管理模式及效果	0.895		-0.124
执行的责任人	0.890	-0.349	
监督管理的目的	0.885	-0.364	
管理规章制度的落实情况	0.878	0.351	-0.168
安全生产工作，必须谁重视	0.849	0.135	-0.268
工作做得好的奖励措施	0.844	0.465	
安全文化建设	0.818		0.488
标准化工作内容	0.751	-0.571	0.228
安全文化作用	0.749	0.322	0.417
管理机制	0.747	-0.517	0.307
隐患和风险源辨识的必要性	0.427	0.509	0.571

注：提取方法采用主成分分析法；已提取了三个成分。

在因子分析的“*options* 选项卡”中选择“*Suppress absolute values less than* 选项”，则其中小于 0.10 的因子负荷量将不被显示，这样使得表格更加清晰、明了。比如每个数字代表了该变量与未旋转因子之间的相关，这些相关有助于解释各个因子。也就是说，如果一个变量在某个因子上有较大的负荷，就说明可以把这个变量纳入该因子。但是常常会有这种情况，很多的变量同时在几个未旋转的因子上有较大的负荷，这就使得解释起来比较困难，因此查看旋转以后的结果能较好地解决这个问题，见表 3-9。

旋转成分矩阵（载荷矩阵）　　表 3-9

调查因素	成分		
	1	2	3
管理规章制度的落实情况	0.867	0.220	0.349
监管情况的了解	0.844	0.275	0.393
工作做得差的惩罚措施	0.843	0.333	0.321
采取的手段	0.836	0.432	0.251
是否应持续改进	0.831	0.334	0.351
安全生产工作，必须重视谁	0.819	0.343	0.150
工作做得好的奖励措施	0.803	0.147	0.513
持续改进需要谁重视	0.797	0.567	
安全文化氛围	0.767	0.520	0.201
事故率高的原因	0.751	0.543	0.229
安全生产开展的责任人是谁	0.688	0.508	0.404
现有安全管理模式及效果	0.685	0.573	0.165
制度的彻底落实必须谁重视	0.676	0.631	0.235
工作岗位	0.659	0.553	0.406
事故原因	0.633	0.573	0.333
标准化工作内容	0.189	0.941	0.141
管理机制	0.163	0.916	0.229
执行的责任人	0.483	0.811	0.157
监督管理的目的	0.510	0.805	
从事管理工作的年限	0.557	0.787	
安全效果	0.459	0.705	0.411
安全工作如何开展	0.671	0.693	0.159
隐患和风险源辨识的必要性	0.181		0.857
安全文化作用	0.429	0.305	0.750
安全文化建设	0.346	0.544	0.706

注：提取方法采用主成分分析法。

表 3-9 为旋转后的成分矩阵，表中各变量根据负荷量的大小进行了排列。旋转后的因子矩阵与旋转前的因子矩阵有明显的差异，旋转后的负荷量明显地向 0 和 1 两极分化了。从旋转后的矩阵表中，可以很容易地判断哪个变量归入哪个因子，见图 3-7。

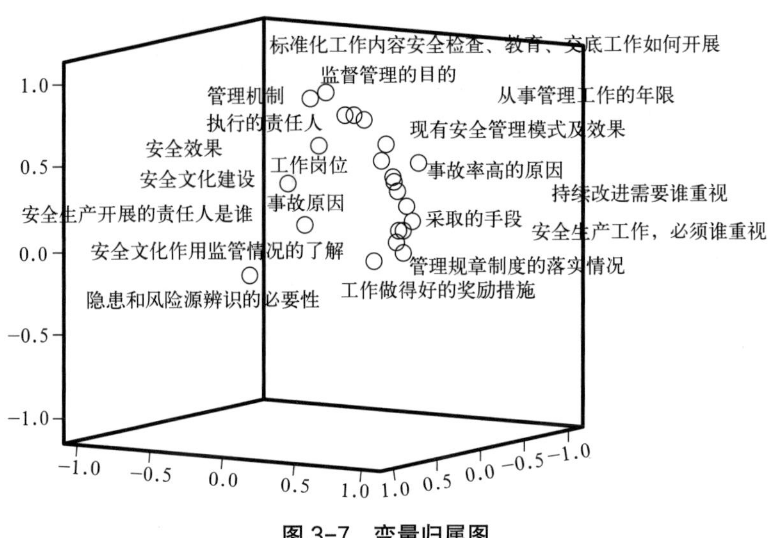

图 3-7　变量归属图

3.5.4　建设工程安全监督管理影响因子解释

相关因子包括的内容、变量描述与因子命名见表 3-10。

因子对应变量与命名表　　表 3-10

因子序号	主要变量	变量描述	因子命名
Factor1	①管理规章制度的落实情况； ②监管情况的了解； ③工作做得差的惩罚措施； ④采取的手段； ⑤是否应持续改进； ⑥安全生产工作，必须重视谁； ⑦工作做得好的奖励措施	变量主要反映监督管理的现场执行和落实情况的管理情况	现场管理因子
Factor2	①标准化工作内容； ②管理机制； ③执行的责任人； ④监督管理的目的	这些变量均与安全监督管理机制的构建有关	制度建设因子
Factor3	隐患和风险源辨识的必要性	与安全监督管理的风险识别有关	风险评估因子

（1）现场管理因子（*Factor* 1）

现场管理能力主要是指各级各部门的安全管理能力。事故的直接和表面的原因往往表现为人的不安全行为和物的不安全状态，但是深入分析可以发现，事故发生的根源在于管理的缺陷，见图 3-8。

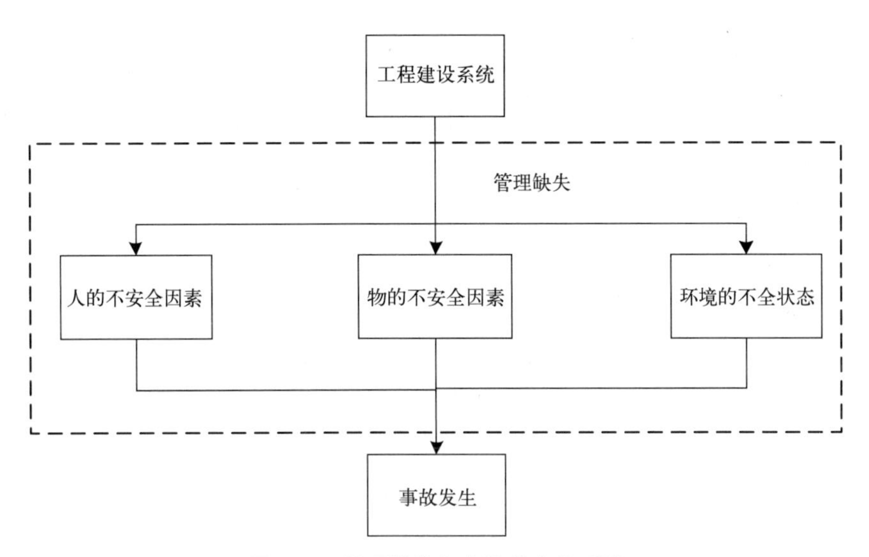

图 3-8 管理缺失与事故发生关系图

根据“事故轨道交叉理论”，由于管理的缺失，造成了人的不安全行为的出现，进而导致物的不安全状态的出现，最终导致安全生产事故的发生。因此，搞好建设工程安全生产管理工作，重在改善和提高建设工程安全管理能力。实际上，建设工程安全管理的内容极其丰富，如生产组织、生产设计、劳动计划、安全规章制度等方面。此外，施工现场的教育检查和资质管理实际上也是安全管理的一个不可或缺的方面。

（2）制度建设因子（*Factor*2）

建设工程安全监督管理制度的最终目的是确保建筑生产安全，减少建设工程安全事故，消除不安全隐患，提高工程建设全生产水平，保护公众利益。制度的建设必须依据建设工程安全生产有关的法律、法规、行政规章、安全生产强制标准，利用行政监督、管理手段对建设工程安全生产各参与主体及安全生产行为进行有效的干预和控制。

（3）风险评估因子（*Factor*3）

对于工程建设现场重大风险源的评估和辨识这一点毋庸质疑，现场的重大危险源绝对是安全管理的重点。风险评估是以风险识别、风险估测为基础，结合公认的安全标准进行评估，建筑工程项目的风险识别主要从承包前和承包后两个方面进行。承包前的风险识别通常采用风险因素预先分析法，其内容包括对工程系统所存在的风险类别、风险条件和导致事故的后果等作预先的分析；承包后，一般采用定量计值的评价方法（如作业条件危险评价法）分析每个危险源导致风险发生的可能性和后果，确定危险程度的大小。

3.5.5 本章小结

由因子分析法可以看出，目前影响我国建设工程安全监督管理效果的主要因素包括:现场管理因子、制度建设因子和风险评估因子。要想提高建设工程安全监督的效果，就必须从以下三方面入手：

（1）提高现场管理能力；

（2）完善法律、法规、行政规章和安全生产强制标准，采用多种监督、管理手段对建设工程安全生产各参与主体及安全生产行为进行有效的干预和控制；

（3）做好工程建设现场重大风险源的评估和辨识工作。

第 4 章　建设工程安全监督中各方关系与博弈分析

4.1　工程建设相关利益主体

工程建设是一个周期长，相关利益主体复杂多样的生产过程，其中涉及政府、建设单位、监理单位、建筑施工企业、勘察、设计单位、中介机构和保险机构。各个组织之间既是相互独立，又是彼此依存的关系，工程建设领域市场的生产运作方式，就是这些相关利益主体相互作用的行为体现，每一方的行为或活动对建设工程的安全监督都有着一定的影响[27]。

（1）政府

政府：实施建设工程安全监督管理的行政机关或部门，泛指建设行政主管部门及安全监管机构。建设行政主管部门，主要负责对建设工程安全实施统一的监督管理。

目前，工程建设市场是我国国民经济建设中的最大支柱产业之一，截止到 2012 年，建筑行业直接产值就达 35491.3 万亿元，占当年我国国民经济总收入的 7%，见图 4-1。政府作为宏观经济的调控者，必然要通过法律、法规和经济手段规范和调控市场，保持建筑市场的良好环境。

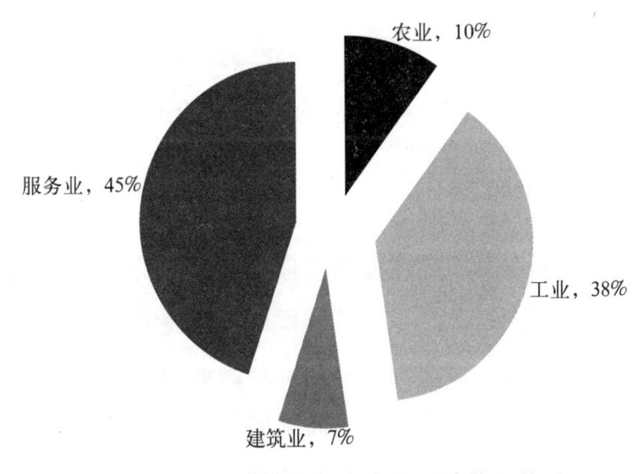

图 4-1　2012 建筑行业与国民经济收入关系

政府建设工程安全监督机构，受各政府委托，对辖区内的建设工程安全实施具有针对性的检查、监督及管理工作，并在授权范围内对建设工程各参与主体的不安全行为实施相应的行政处罚。在市场自发调节的经济环境下，只有政府才有足够的能力和资源营造这种安全的宏观环境，促使建设方主动地关心安全问题，并采取各种有效措施防止安全事故的发生。

（2）建设单位

建设单位是工程项目的开发者或投资者，是工程的实际投资者和拥有者，是建设项目管理的主体，在项目的整个开发过程中拥有绝对优势的话语权、选择权以及决定权，同时建设方还是施工企业、勘察、设计单位、监理单位等建设工程参与方的联系者。建设单位领导和参与工程项目建设的全过程，从工程项目的前期投资策划阶段到后期验收和实施阶段，建设单位都负有重要的责任。建设方作为建设项目的投资者、所有者，在建设项目开工以前，其行为和态度会直接影响到勘察、设计单位、监理单位和施工单位对待安全生产的态度，见表4-1。一个注重安全管理的建设方往往也能带动其他单位认真投入。

建设方常见问题列表 表4-1

项目的不同阶段		
项目设计阶段	项目招投标阶段	项目施工阶段
（1）设计单位没有能力或者疏于认真地进行安全设计； （2）没有如实向设计方提供准确的施工资料	（1）合同中没有明确的安全投入约定； （2）选择的监理单位缺乏安全监理的能力	（1）合同约定的安全资金不能准时到位，拖欠工程款； （2）未派专人参与施工单位的安全管理； （3）不合理压缩施工工期； （4）没有如实向乙方提供准确的施工资料； （5）对施工企业有无不合理的要求等都会极大地影响施工阶段安全管理的效果

综上所述，建设方在很大程度上决定一个建设项目的安全管理成效，而且作为建设项目的投资者、所有者，建设方本应承担相应的安全责任，所以参与到建设工程安全管理中十分必要。

（3）设计单位

设计单位受建设单位委托对拟定建设的工程项目进行设计，将建设单位的生产要求和使用功能具体落实到施工图纸上。我国工程设计领域传统的观念认为施工现场的不安全性是由施工单位一手造成的，但实际上并非如此。英国、美国、澳大利亚等国学者早已开展“安全设计”的设计理念。在设计阶段采取适当的措施，对工程建设项目实体施工过程中的安全风险进行评估和审核，并在此基础上进行有针对性的设计改进，可以避免施工阶段大量安全事故的发生，尽可能地减少安全风险处置成本的增加，见图 4-2。

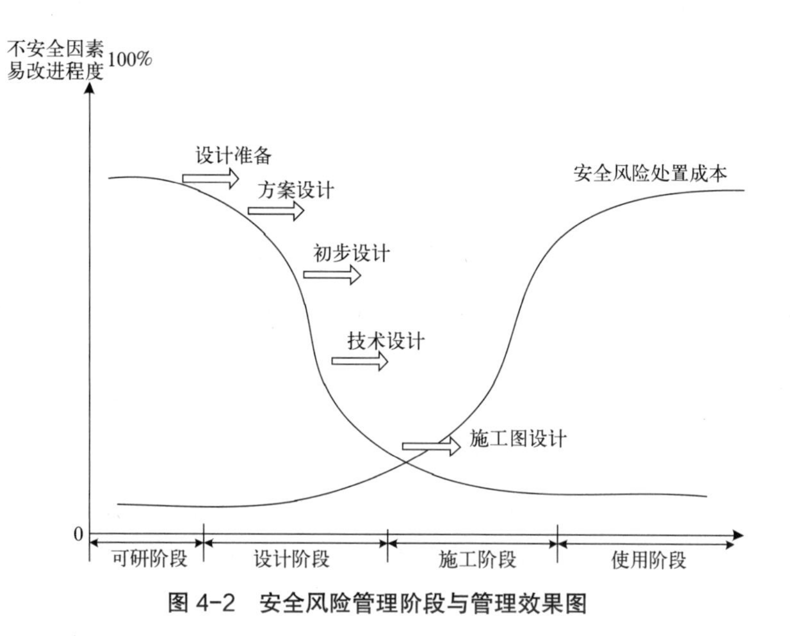

图 4-2　安全风险管理阶段与管理效果图

“安全设计”理念要求在项目设计阶段召集设计、施工、采购、维修甚至建设方等项目生命周期内各参与者，运用风险源清单、专家访谈、头脑风暴等各种方式对施工安全风险进行提前识别，并通过设计措施加以处理。

（4）施工单位

施工单位是建筑工程项目的缔造者，是建设工程安全政府监管的重要对象。施工过程是建筑工程实体形成过程，也是存在安全隐患、发生安全事故的过程。施工单位主要负责人、项目负责人、安全生产管理人员的安全意识，施工单位的安全生产投入，施工从业人员的生产行为，施工机具、设备的管理规范程度等都与建设工程安全息息相关。

施工单位作为建设项目的承包商，通常分为总承包、专业承包和劳务分包，但无论哪一个都是建设项目的实际修建者、安全管理的直接责任人，我国已出台的相关法律有大量条文就是针对施工单位安全管理的。作为施工阶段的主体，施工单位的各种行为都将直接反映到建设工程安全管理的最终结果上。是否建立有效的安全管理机制、是否重视安全生产、是否保证安全管理所需的资金及人员（包括长期投入及每个建设项目的投入）、是否采取适当的保护措施及施工工艺、是否注重安全文化及生产员工的培训等，以上行为如若有任何问题，都会导致生产事故的发生。

当然，施工单位的这些行为在某些情况下会受到其他方面的影响，例如政府是否构建良好的宏观环境、建设方对安全管理的态度等。但不可否认的是，施工单位作为建筑生产的最直接执行者，在建设工程安全管理中起着最为直接的作用。

（5）监理单位

监理单位是经建设单位授权委托，对建筑工程项目的施工生产过程进行监理，对安全生产承担监理责任的单位。监理单位工作人员的专业素质和工作态度对建设工程安全生产具有重要影响。建设方通过与监理单位签订书面的建设工程监理合同，委托监理单位对建设项目进行项目管理，除了施工企业以外，监理单位也全程参与了建设现场的施工过程。由于监理单位长期从事施工现场管理工作，具备了建设方无法比拟的技术优势和实际经验，对施工现场的各种问题有着较为深刻的认识。在施工过程中如果仅靠施工企业进行现场安全管理工作，从各方面来讲往往都是不够的，由于建设方的精力有限，在具体的施工监督过程中无法全部亲力亲为，故而通过授权监理单位对施工单位进行监督管理，其中很重要的一部分工作就是安全管理。出于以上原因，监理单位参与建设工程安全管理十分必要，在获得合同利润的同时，应当履行安全管理职责，行使监督权力，并承担相应责任。

（6）保险机构

保险是世界上公认的对安全进行管理的最有效的经济手段之一，在发达国家取得了令人瞩目的成绩，而保险机构作为建筑工程意外伤害保险的制定和实施者，在建筑意外伤害保险的完善及发展中发挥着无可取代的重要作用。同时，由于安全事故率和保险机构自身的经济利益紧密相连，在市场经济条件下必然会促使保险机构采取各种手段降低安全事故率，督促施工单位提高安全管理水平，所以保险机构参与建设工程安全管理十分必要。

（7）中介组织

中介组织通常是指介于政府与企业之间、单位与个人之间、商品生产与经营之间，为市场主体提供咨询、经济、培训、法律等各种服务，同时还为各类市场主体进行评估、协调、仲裁、检验等活动的组织或机构。建设工程安全中介组织大致可以分为咨询服务机构、自律性行业协会组织和安全生产监督鉴证机构三种。中介组织作为连接政府和企业的桥梁，在接受政府或者企业委托为其安全管理工作提供技术咨询服务的同时，受到两者的双向监督和约束，可以避免政府又当裁判员又当运动员的尴尬，增加各方经济寻租的风险。随着我国经济的高速发展，每年的建设项目剧增，政府不可能用有限的资源和精力对具体每个项目进行无微不至的安全监管，企业在面对一些技术难题时也需要专门的机构为其提供服务。故而安全中介组织是社会进步发展的产物，并在建设工程安全管理中起着无可替代的辅助作用。

4.2　政府与各方关系

要构建多方参与的建设工程安全管理体系，首先需要厘清各参与方相互之间的关系，才能构建出合理的整体框架，下面将对各参与方在建设工程安全管理中相互之间的关联性进行分析。

（1）政府与建设方

政府是宏观政策的制订者，为建设工程安全营造安全生产的宏观环境。建设方是具体每个项目的宏观管控者，作为“理性经济人”，建设方必然选择自身经济利益的最大化，尽量减少安全投入以维持较高的利润水平，这一定会与政府保障公共利益、促进建筑行业的目标相矛盾。

（2）政府与施工企业

作为工程建设项目的实际制造者，施工企业的各种生产行为一定会受到法律和机构的直接监督。施工单位同建设方一样，参与安全生产的积极性并不高。此外，我国目前的施工企业承担了几乎全部的施工安全风险责任，其中很多本应在设计阶段就可以预见和处理的，这就促使施工企业不愿过多地在施工安全方面做大量的投入。

（3）政府与设计、监理单位的关系

在传统的建设项目开发过程中，设计、监理单位的安全责任并不多，大量实践表明，设计、监理单位的相关行为也能影响到施工现场的安全状况。虽然我国已出台的《建设工程安全生产管理条例》明确了一部分设计、监理单位的安全责任，但由于相对模糊，可操作性有待加强。政府还需要通过各种手段明确设计、监理单位的安全责任，并对设计、监理单位是否履行安全责任进行监督。

（4）政府与中介组织的关系

在建设工程安全管理中，政府需要借助中介组织提供安全技术研发、安全评级、咨询等一系列服务，提高安全管理的效率。中介组织的健康成长、规范运作又需要政府通过立法、监督等手段来保证，两者相互依赖、相辅相成。

4.3　建设方与各方关系

（1）建设方与施工单位的关系

建设方与施工单位的关系是建设项目管理中的核心关系。建设方总是希望在最少投入的前提下，施工单位能保质保量地完成项目施工，而施工单位的关注重点则在于从建设方那里获取更多的工程利润。虽然两者都能意识到安全事故会带来成本的提高，但施工单位在施工过程中会受到建设方相关行为的影响，从而产生不同的安全态度。建设方是施工单位的甲方，处于强势地位，施工单位为了获得利润，在很多情况下只能听命于建设方，哪怕建设方提出了很多不合理的要求。当然，施工单位在专业技术上远甚于建设方，他们总愿意利用这种信息优势从建设方那儿获得更多的工程利润，时常出现忽视安全的情况。

（2）建设方与设计单位的关系

在项目前期，建设方委托设计单位进行建筑设计。设计单位在签订设计合同后，为了尽快获得设计报酬，就需要根据建设方的要求进行相应设计，设计方和施工方面临同样的困境。

（3）建设方与监理单位的关系

建设方委托监理单位在施工现场进行项目管理，希望其能监督施工单位，顺利地完成施工。虽然我国法律明确规定了监理单位的责任，其中就包括了安全责任，但往往监理单位为了能获得监理合同，只重视建设方重点交代的工作，如保证进度、控制造价、质量监督。监理单位发现安全隐患时如果采取相应措施可能就会影响到工程进度，如若受到建设方消极安全管理态度的影响，通常会默认地选择不作为，久而久之就会导致监理单位的安全管理能力逐步弱化。总而言之，监理单位的安全态度及安全管理能力很大程度上是由建设方的态度所决定的。

（4）建设方与中介组织的关系

对于那些有能力的建设方而言，可以成立专门的建设工程安全管理机构进行安全管理，但对于很多条件有限的建设方，就需要通过委托咨询中介组织的方式进行安全管理。在一个没有较为完善的中介组织的建筑市场中，即使是那些有较强意愿进行建设工程安全管理的建设方也会因为缺乏有力的辅助工具而“事半功倍”。另一方面，中介组织不断发展也需要得到建设方的认同和信任，才有动力在市场竞争中不断提高服务水平。

4.4 施工单位与各方关系

（1）施工单位与设计单位的关系

施工单位与设计单位是通过建设方相联系的，是一种间接的关系。由于建设工程项目的复杂性与高风险性，只有通过前期合理的安全设计才能消除一些施工阶段的安全隐患，施工单位也需要专业的设计人员在技术上提供必要的帮助。然而现阶段施工单位只是被动的接受方，难以影响到设计单位的行为，从某种意义上还承担了设计单位不当行为所产生的安全风险。

（2）施工单位与监理单位的关系

施工单位与监理单位是一种被监管与监管的关系。监理单位接受建设方的委托，根据相关法律及合同规定对施工单位在质量、成本、进度以及安全方面进行监督，虽然法律明确了监理单位在安全监管上的责任和义务，但监理单位针对施工单位监督的侧重点一般受建设方态度的影响。

（3）施工单位与保险机构的关系

我国法律明确规定施工单位取得工伤保险和建筑伤害意外保险是建设工程项目开工的必要前提条件之一，施工单位进行保险不但可以转移部分安全风险，保障员工的利益，还可以督促自身不断提高安全管理水平，以降低投保门槛和投保费用。保险机构在接受施工单位投保后会监督施工单位的施工情况，并同时不断改善保险机制，以获得更多的利润。

（4）施工单位与中介组织的关系

社会的高速发展，建筑技术的日新月异，随之带来了很多技术和管理上的难题，单靠施工单位内部的力量往往是不够的，由此带来的重复工作也会导致不必要的资源浪费。中介组织作为独立的第三方，可以利用专业人员集中力量进行各种技术研发、安全管理难题攻关等，为众多的施工单位提供专业的咨询管理服务，解决施工单位在现实工作中遇到的许多安全难题。

4.5　其他参与方之间的关系

（1）保险机构与中介组织的关系

保险机构虽然会向施工单位提供保险服务，但要保险机构参与到施工单位安全管理的具体工作中去，则需要大量的人力物力，无疑是不经济也是不现实的。为了建筑保险市场的不断规范完善，就需要中介组织为保险机构提供专业的服务，包括安全信息分析、建设工程安全监管等。

（2）社会公众、新闻媒体与各参与方的关系

社会公众、新闻媒体虽然没有直接参与建设工程安全管理，但却对建筑市场的各参与方以及政府起着巨大的舆论作用，有效地督促各方采取安全的行为，同时使安全文化深入人心。

综上所述，各参与主体大体可以分为三个层次，外层是社会大众监督层；中间

层是政府监管层，接受大众的监督；内层是由建设单位、监理单位、施工单位构成的被监管层，接受政府监管层的监督管理和社会大众的监督。具体关系可用图 4-3 表示。

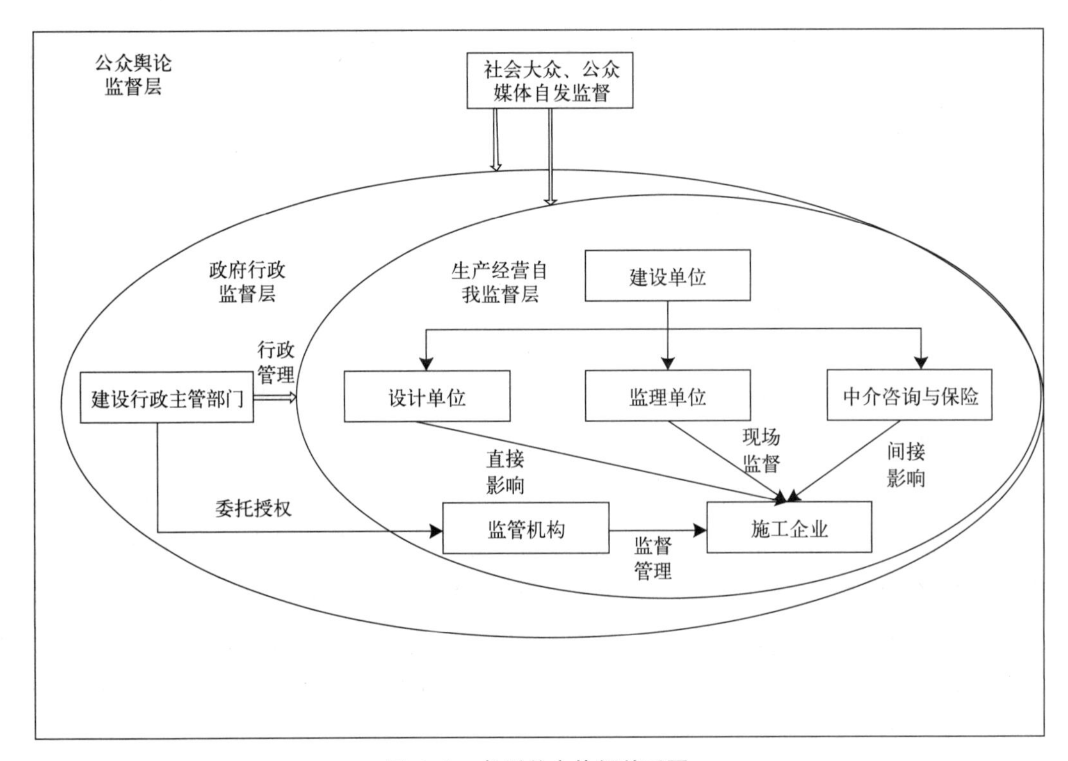

图 4-3　各利益主体间关系图

政府代表国家和社会的公共利益，对建设工程安全实施监管，提高建筑参与主体的安全生产水平，保障建筑工程的安全生产。建筑工程项目中各参与主体也希望自己能按照政府和相关合同的约束来规范自己的安全行为，提供安全的建设工程安全生产环境，保护人民的公共利益。但在激烈的市场竞争和自身对经济利益最大化追求的巨大压力下，他们常常会放弃公共利益，实施违反安全管理规定的行为即违规行为。因此，各参与主体的私人利益和公共利益就构成了对立的矛盾关系，政府和各参与主体之间就存在公共利益和私人利益的博弈过程。由于监管机构与监理单位的博弈，监管机构与勘察设计单位的博弈过程比较微弱。这里仅对具有代表性的“监管机构与建设单位的博弈”，“监管机构和施工单位的博弈”，“建设行政主管部门、监管机构、被监管主体三者博弈”进行相关博弈分析，寻找出各方行为的准则，为新型建设工程安全监督管理制度提供理论基础。

4.6　建设工程安全政府监管必要性的博弈分析

4.6.1　博弈论概述

（1）博弈论的基本概念

博弈论诞生于20世纪40年代，以摩根斯坦恩（*Morgansto*）和冯·诺伊曼（*Von Neumann*）出版的《博弈论和经济行为》一书为标志。到了50年代，在纳什（*Nash*），夏普里（*Shapley*）、吉利斯（*Gillies*）等学者的推动下合作博弈迅速发展，如“讨价还价模型”、“核”概念等，同时纳什均衡概念的提出推动了非合作博弈的出现，如“囚徒困境”、“性别战”等。60年代，泽尔腾（*Selten*）提出了“精炼纳什均衡”的概念，海萨尼（*Harsanyi*）开创了不完全信息博弈，不完全信息的引入使博弈论的相关概念得到了更全面的阐述，应用范围更加广泛。到了80年代，威尔逊（*Wilson*）、克瑞普斯（*Kreps*）对动态不完全信息博弈进行了深入研究，并发表了重要的相关文章，推动博弈论进一步发展。这一时期，博弈论发展为主流经济学的重要组成部分，与经济学研究密切相关，奠定了微观经济学发展的基础。如今，博弈论迅速发展，广泛地应用到军事、经济、政治、法律及工程管理等众多领域，且仍具有巨大的发展潜力和广阔的发展空间[28]。

博弈论主要包括以下7个基本概念[27]：

①博弈方：也称为参与者，是以追求自身利益最大化为目标，进行行为选择或策略选择的决策主体。博弈方可以是个人，也可以是企业、政府或国家等社会团体，一般用 i=1，2，3…，n 表示。有时为了分析方便，还会引入“自然”作为博弈方，它是一个虚拟的参与者，是决定博弈外生随机变量概率分布的机制，一般用 N 表示。

②行动：是博弈方在博弈过程中的决策变量，它可以是行为、做法或经济活动水平、实物量值等。第 i 个博弈方的具体行动可以用 a_i=（a_1，a_2，a_3…，a_n）表示，n 个博弈方的行动可以用有序集合 a=（a_1，a_2，a_3…，a_n）表示，此有序集合称为行动组合。博弈方所有行动的集合称为行动集，可以用 A_i={a_i} 表示，其含义是博弈方 i 可以选择的全部行动的集合。行动的顺序在一定程度上会影响博弈主体的决策选择。

③战略：指的是博弈方实施行动选择时所参考的规则。它是博弈方选择行动的标准，能使博弈方根据实际情况选择行动。第 i 个博弈方的具体战略可以用 s 表示，那么 n 个博弈方的具体战略就形成了战略组合，用 n 维向量 s=（s_1，s_2，…，s_i…，s_n）表示。博弈方所有战略的集合称为战略集，可用 Si=（s_i）表示，其含义是第 i 个博弈方可以选择的全部战略的集合。

④信息。在博弈过程中参与人所获取的知识，尤其是与其他博弈方的特征和所实

施的行为以及“自然”的选择等方面有关的知识。信息数量和信息结构是博弈方选择策略、实施行为的重要依据。

⑤支付函数：博弈过程中，在特定的战略组合下，博弈方彼此所获得的收益或效用水平，是各博弈方所追求的目标。支付函数与各博弈方的行为和战略密切相关。第 i 个博弈方的支付函数一般用 u_i 表示，n 个博弈方的支付函数集合称为支付组合，可用 $u=(u_1, u_2, \cdots, u_i, \cdots, u_n)$ 表示。某博弈方的支付函数不仅与自己的行为和战略有关，同时会受到其他博弈方策略或行为的影响，即 $u_i=u_i(s_1, s_2, \cdots, s_i, s_n)$。

⑥结果：博弈过程所形成的各种结果，是博弈方所关注的、期望接受的要素的集合。

⑦均衡：各个博弈者所实施的最优策略或采取的最优行动的组合，可表示为 $s^*=(s_1^*, s_2^*, \cdots, s_i^* \cdots, s_n^*)$，其中 s_i^* 表示第 i 个博弈者在均衡 i 所实施的最优策略或最优行动，是 i 所有策略或行动中能获得收益最大的策略或行动。

（2）博弈论的分类

博弈论有四种基于纳什均衡下的博弈平衡：纳什均衡、子博弈完美纳什均衡、贝叶斯纳什均衡、完美贝叶斯纳什均衡。它们都描述了在博弈中，所有参与者的战略组合，每个参与者的战略都是针对其他参与者的最优反应，在这种战略组合下没有参与者愿意背弃他选定的战略。因此四种博弈都是纳什均衡，只不过在应用于更复杂的博弈时，我们引入更严格的限制条件来强化原来的均衡概念，每一个新的均衡概念的相继引入正是为了剔除依据原有概念可能得出的不合理的博弈结果，四种均衡概念的关系可以用图 4-4 和图 4-5 表示：

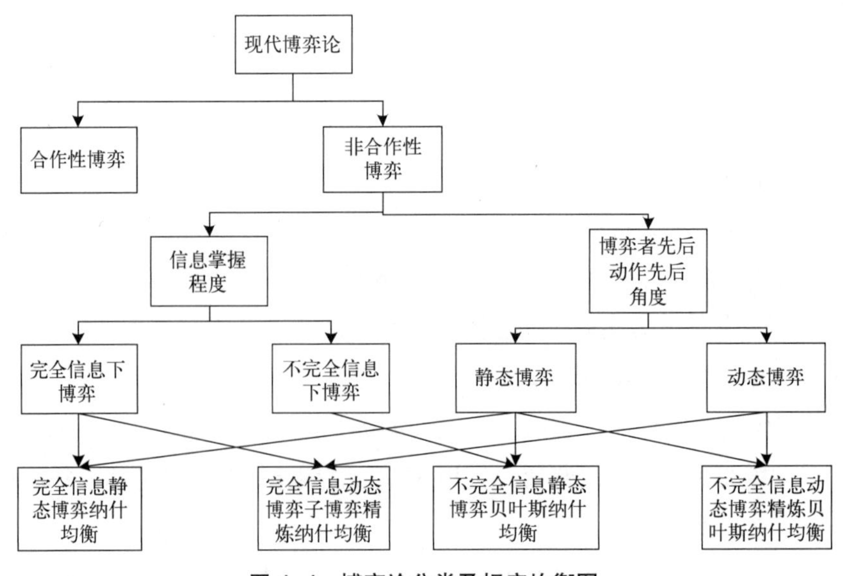

图 4-4　博弈论分类及相应均衡图

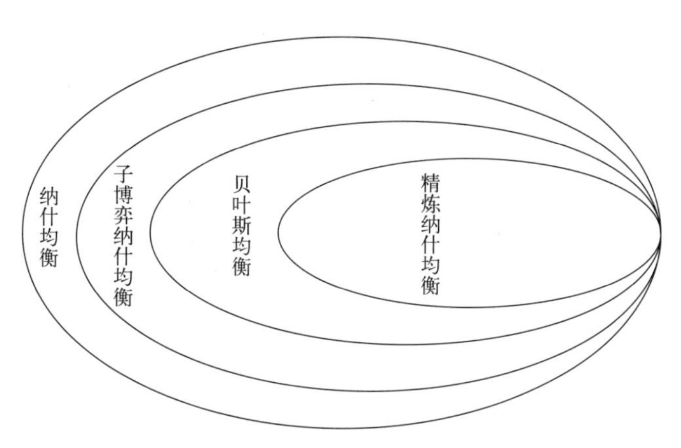

图 4-5　四种博弈相互包含关系图

（3）纳什均衡

所谓纳什均衡，就是指在博弈过程中，各个博弈者的最优战略所形成的组合。即假设在博弈过程中有若干个博弈者，在给定其他博弈者战略的条件下，没有任何一个单独的博弈者愿意主动改变自己的战略，去打破这种平衡状态。我们可以理解为，纳什均衡就是一种稳定的平衡状态，在别人不改变行动的情况下，没有任何人愿意主动去改变。如果某个博弈者主动改变自己的战略或行动，那么他所获得的收益都不会超过没改变战略或行动时所获得的收益，基于个人理性和对自身利益最大化的追求，没有哪一个博弈者愿意主动改变战略或行动，只有维持稳定的平衡状态，形成一种“僵局”，即为纳什均衡。

对纳什均衡可以这样定义：假设 n 个博弈者所形成的战略博弈为 $G=$（S_1，S_2，…，S_n；u_1，u_2…，u_n），S_i 为博弈者 i 的所有战略集合，s_i 为博弈者 i 的某一具体战略，u_i 为博弈者 i 的支付函数，其中 i=1，2，…，n。

所有博弈者形成的战略组合为 $s^*=$（$s_1^*, s_2^*, \cdots, s_i^*, s_n^*$），在给定其他博弈者战略 $s_{-1}^*=$（s_1^*，s_2^*，…，s_{-i}^*，s_{i+1}^*，…，s_n^*）的条件下，博弈者 i 的最优策略为 s_i^*，如果 u_i（s_i^*，s_{-i}^*）$\geqslant u_i$（s_i，s_{-i}^*），$\forall s_i^* \neq s_i$，则称：

$s^*=$（s_1^*，s_2^*，…，s_i^*，…，s_n^*）为 $G=$（S_1，S_2，…，S_n；u_1，u_2…，u_n）的一个纳什均衡。

4.6.2　政府强制实施建设工程安全投资的分析

为了分析这个问题，我们建立如下博弈分析模型。

（1）模型假设条件

①参与博弈者：博弈的参与者集 N={1，2}；市场中只有 A 和 B 两家建筑施工企业，市场中不存在政府的监督管理这是由于我国目前建筑市场竞争激烈，企业运作模型相对简单，竞争对手之间的相关信息获得比较容易，在这种情况下，我们假设市场中只

存在两家大型建筑施工企业，分别命名为 A 和 B，由于市场是完全竞争市场，所以两家施工企业都是理性经济人。

②每个参与者的可行性战略集合：

S_i，$\forall i \in N$ 即，S_i=（实施安全投入，不实施安全投入）。

③每个参与者的支付矩阵 R_i，$\forall i \in N$。

（2）当 *A*、B 双方采取不同的策略时产生如图 4-6 支付矩阵。

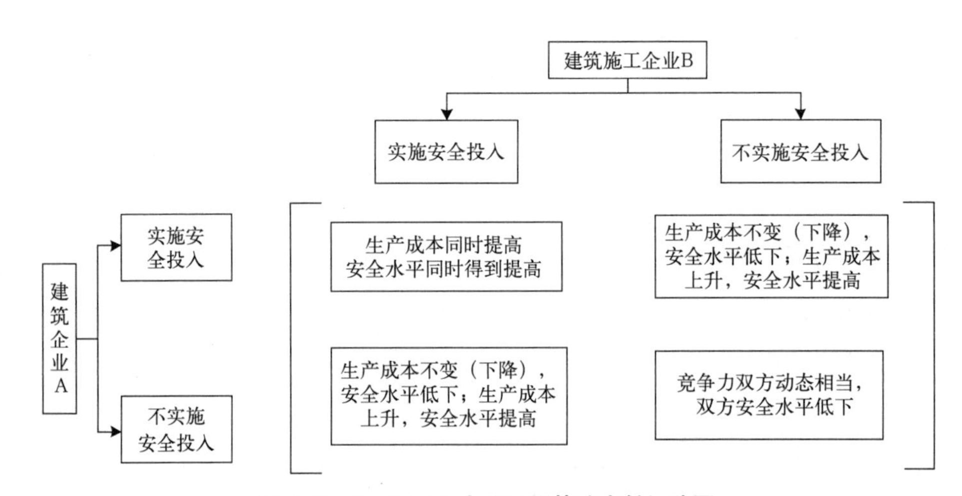

图 4-6　*A*、*B* 双两企业不同策略支付矩阵图

（3）模型分析

在缺乏政府的监督管理的情况下。

①当 *A* 企业选择实施安全投入的情况下，*B* 企业如果选择实施安全生产投入，二者生产成本同时提高，利润同时下降，如果 *B* 企业选择不实施安全生产投入，则利润水平不会下降，出于“理性经济人”的考虑，*B* 企业一定会选择不实施安全生产投入。

②当 *A* 企业选择不实施安全生产投入的情况下，*B* 企业如果选择实施安全生产投入，则成本水平上升，利润率下降；如果选择不实施安全生产投入，则与 *A* 企业利润水平相当，故 *B* 企业会选择不实施安全生产投入。

③反之，当 *B* 企业做选择，*A* 企业应对的时候，*A* 企业最后的最终选择也一定是不实施安全生产投入。

④无论是给定 *A* 或 *B* 企业选择实施安全生产投入和不实施安全生产投入，*A* 和 *B* 企业的最优策略均 ={ 不实施安全生产投入 }。

⑤博弈最终的纳什均衡：

{*A* 企业不实施安全生产投入、*B* 企业不实施安全生产投入 }

目前，我国处于工程建设施工企业的“买方”市场，即在市场中，建筑产品的购买者拥有绝对的“话语权”，买方拥有对建筑产品的“定价权”，施工企业为了获得订单，维持企业的发展和生存，必然会选择减低生产成本。如果不采取政府强制干预的方法，在极端情况下，市场会不断剔除遵守公众利益的建筑施工企业，大量不实施安全生产投入的企业留在这个市场中，建筑市场环境进一步恶化，从而最终导致市场安全事故频发[18]。

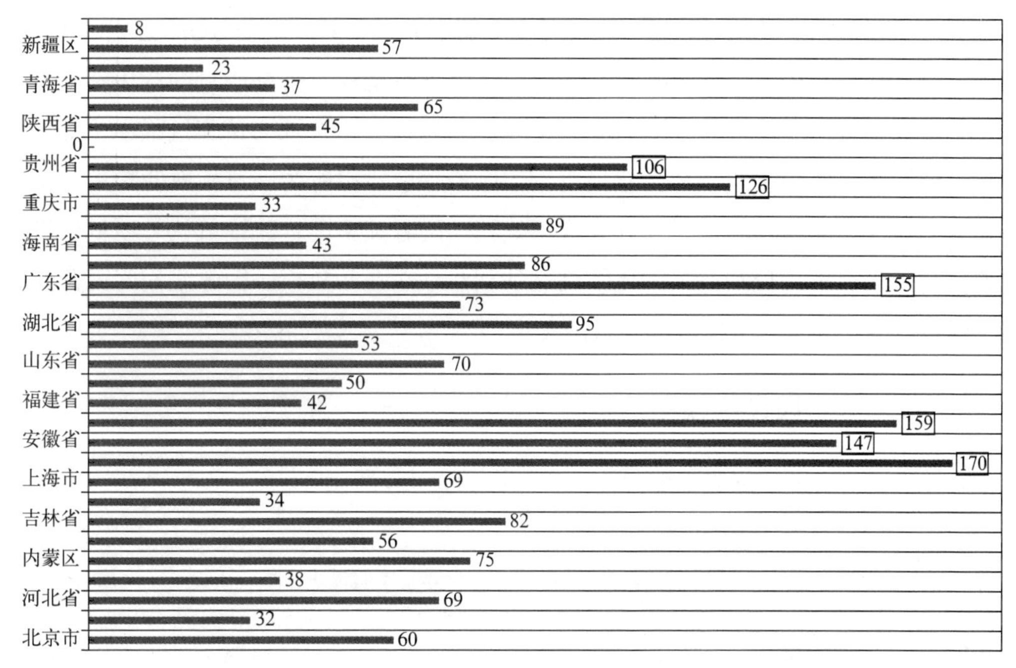

图 4-7　2009 ~ 2012 年全国各省直辖市建筑施工死亡人数统计表

（资料来源：国家统计局官网网站 http：//www.stats.gov.cn/）

从图 4-7 可以看出，2009 ~ 2012 年全国各省和直辖市累计死亡人数最多的六个省份为：江苏、浙江、广东、安徽、云南和贵州。不难看出，江苏、浙江和广东是我国经济最发达的三个地区，平均生产力水平和技术水平应该是最高的，文化水平和民众素质也应该最好的，可为什么会产生这么多的死亡人数呢？究其原因，无非就是建筑市场竞争激烈，建筑企业在生产过程中为了提高竞争力，竞相“压低成本，以次充好”，通过订立“阴阳合同”和“不合理赶工”的方法实现企业生存，必然会出现大量的施工安全事故。

而对于安徽、云南和贵州三个省份来说，除了上述江苏、浙江和广东建筑市场存在的问题外，还有这三个地区本身的问题，三个省份历史上都是“积贫积弱”的省份，生产力水平和人员素质相对于其他地区都比较低，公众很难有自觉维护施工生产安全的意识。

由博弈分析和现实数据的综合分析，我们可以清楚地看出，在中国目前这种情况下，很难保证企业自身加大安全生产投入，来保证公众利益，需要政府强有力的介入，以实现市场的健康发展和维护公众的权利。

4.7 监督机构与建设单位的博弈分析

建设单位是施工责任主体单位，应该对建设工程安全管理工作负有首要责任。但实际上，建设单位未真正对建设工程进行安全管理，在事故风险与经济利益之间博弈，致使安全责任主要由施工单位承担，而现阶段建设单位履行安全职责的意识不强，具体安全责任主体缺失是事故难以遏制的原因之一[49]。在这个双方博弈过程中，如果寻租费用超过应得经济收益，那么建设单位宁愿不采取寻租行为。可采取的对策是接受监管或不接受，而监督的结果为处罚或不处罚，两者关系中，建设单位是项目建设的主要实施者，追求自身利益最大化，且这种利益存在互斥效应，因此我们假设监管机构与建设单位之间是非合作博弈关系。

4.7.1 基本假设与模型建立

监管机构与建设单位双方博弈的基本假设如表 4-2 所示。

监督机构与建设单位双方博弈基本假设表　　表 4-2

理性博弈方	博弈假设内容				
	博弈战略	效用	混合战略	博弈策略	备注
监督机构	严格监管和不严格监管	V_1	监督机构以概率 p 选择不严格监管，混合战略为（p，$1-p$）	当监督机构严格监管时，若建设单位不加强安全管理，被发现而受处罚，对建设单位具有负效应，记为“$-R$”，而监督机构具有正效应，记为“T”；当监督机构严格监管时，建设单位选择加强安全管理 C，则监督机构得益是 O	假设建设单位加强安全管理，能有效遏制安全事故发生
建设单位	加强安全投入和管理（设投入和管理成本为 C）和不加强安全投入和管理	V_2	建设单位以概率 q 选择不加强安全投入和管理，混合战略为（q，$1-q$）	建设单位以概率 q 选择不加强安全（q，$1-q$） 投入和管理，混合战略为（q，$1-q$）	

收益矩阵图，如表 4-3 所示。

建设方与建设单位博弈双方的收益矩阵表　　表 4-3

建设单位	监督机构	
	不严管（P）	严管（$1-P$）
不加强安全投入（q）	（O，$-F$）	（$-R$，T）
加强安全投入（$1-q$）	（$-C$，Z）	（$-C$，O）

4.7.2 博弈的求解

博弈参与者的目标是使自己的期望得益 F_i 最大化（i=1，2）。

对建设单位而言：

$$V_1=q\,[\,p\times 0+(1-p)(-R)\,]+(1-q)\,[\,p(-C)+(1-p)(-C)\,] \tag{4-1}$$

令，

$$\frac{\mathrm{d}V_1}{\mathrm{d}q}=pC-(1-P)R=0 \tag{4-2}$$

$$P^*=\frac{R}{R+C} \tag{4-3}$$

对监管机构而言：

$$V_2=p\,[\,q(-F)+(1-q)Z\,]+(1-p)\,[qT+(1-q)0\,] \tag{4-4}$$

令，

$$\frac{\mathrm{d}V_2}{\mathrm{d}p}=-qF-qT+(1-q)Z=0 \tag{4-5}$$

$$q*=\frac{Z}{F+T+Z}=1-\frac{F+T}{F+T+Z} \tag{4-6}$$

所以，模型的纳什均衡解为：

$$\left\{\left[\frac{Z}{F+T+Z},\frac{F+T}{F+T+Z}\right],\left[\frac{R}{R+C},\frac{C}{R+C}\right]\right\} \tag{4-7}$$

结果分析监管机构与建设单位博弈结果分析如表 4-4 所示。

监督管理机构与建设单位双方博弈结果分析一览表　　表 4-4

建设方措施	调整值	双方博弈过程		结果分析	
		短期	长期	短期	长期
加大安全处罚力度	增大 R 值	$\frac{\mathrm{d}V_1}{\mathrm{d}q}=pC-(1-P)R=0$ 由均衡状态等于 0 变为小于 0，此时，V_1 随 q 增大而减少，为追求监督效率最大化，必然减小概率 q	加大处罚，监督机构不严管的均衡概率 $P^*=\frac{R}{R+C}=\frac{1}{1+\frac{C}{R}}$ 随着 R 值增大而增大，此时 $\frac{\mathrm{d}V_1}{\mathrm{d}q}=pC-(1-P)R=RC+PR-R$ 由于 P 值的增大，均衡状态由等于 0 变成大于 0，此时，V_1 随 q 增大而增大，为追求监督效率最大化，q 相应增加	加大安全处罚力度，可促建设单位加强安全管理，降低事故概率	加大安全处罚力度，建设单位会产生依赖心理，造成安全投入不足，增加事故概率

续表

建设方措施	调整值	双方博弈过程		结果分析	
		短期	长期	短期	长期
强化安全文化	Z值增大	$\frac{dV_2}{dp}=-qF-qT+(1-q)Z$ 由0等于0变成大于0，此时，V_2随P增大而增大，监督机构为追求监督效率最大化，必然增大P	$q^*=\frac{Z}{F+T+Z}=\frac{1}{\frac{F+T}{Z}+1}$随着$Z$值增大而增大，则$\frac{dV_2}{dp}=-qF-qT+(1-q)Z$由均衡状态等于0，变成小于0，此时，$V_2$随$P$增大而减小，为追求监督效率最大化，必然减少$P$	短期强化创新监管，使建设单位自觉加强安全，可减少监督机构的监管，避免紧张气氛	长期加大安全处罚力度，建设单位会产生依赖心理，造成安全投入不足，增加事故概率
鼓励监督创新和科研	减小C值	$\frac{dV_1}{dq}=pC-(1-P)R=0$由均衡状态等于零变为小于零，建设单位得益$V_1$随$q$增大而减少，为追求监督效率最大化，必然减小$P$	长期，监督机构不严格监管的概率$P^*=\frac{R}{R+C}$随着C值减小而增大，为追求监督效率最大化，必然增加P	短期强化创新监管，使建设单位自觉加强安全，可减少监督机构的监管，避免紧张气氛	长期鼓励监管创新会使安全形势改善明显

4.8 监督机构与施工单位的博弈分析

建立政府监督管理机构和施工单位的博弈模型。施工单位未真正对建设工程进行安全管理，在事故风险与经济利益之间博弈，致使安全责任主要由施工项目部承担，而现阶段施工单位履行安全职责的意识不强，具体安全责任主体缺失是事故难以遏制的原因之一[49]。在两者关系中，施工单位是项目建设的实施者，由于其追求自身利益最大化，且这种利益存在互斥效应，因此监管机构与施工单位之间是非合作博弈关系。

4.8.1 基本假设与模型建立

基本假设如表4-5所示。

监督机构与施工单位双方博弈基本假设表　　表4-5

理性博弈方	博弈战略		效用	混合战略	博弈策略	备注
监督机构	严格监管	不严格监管	V_1	监督机构以概率P选择不严格监管，混合战略为（P，1–P）	（1）当监督机构不严格监管，施工单位不加强安全管理，监督产生负效应，记为“-F”；（2）若施工单位加强安全管理，监督机构具有正效用，记为“Z”（3）当监督机构严格监管，施工单位不加强安全管理，被处罚，记为“-R”，监督机构具有正效用，记为“T”；（4）当监督机构严格监管时，施工单位选择加强安全管理C，则监督机构得益是O	假设施工单位只要加强安全投入和管理，便能有效遏制安全事故发生
建设单位	加强安全投入和管理	不加强安全投入和管理	V_2	施工单位以概率q选择不加强安全投入和管理，混合战略为（q，1–q）		

根据上述假设，监管机构与施工单位博弈双方的收益矩阵，如表 4-6 所示。

监管机构与施工单位博弈双方的收益矩阵表　　表 4-6

施工单位	监督机构	
	不严管（P）	严管（$1-P$）
不加强安全投入（q）	（O，$-F$）	（$-R$，T）
加强安全投入（$1-q$）	（$-C$，Z）	（$-C$，O）

4.8.2　博弈的求解

博弈参与者的目标是使自己的期望得益 F_i 最大化（i=1，2）。对施工单位而言：

$$V_1=q\,[\,p\times 0+(1-p)(-R)\,]+(1-q)\,[\,p(-C)+(1-p)(-C)\,] \tag{4-8}$$

令，

$$\frac{\mathrm{d}V_1}{\mathrm{d}q}=pC-(1-P)R=0 \tag{4-9}$$

$$P^*=\frac{R}{R+C} \tag{4-10}$$

对监管机构而言：$V_2=p\,[\,q(-F)+(1-q)Z\,]+(1-p)\,[qT+(1-q)0\,]$ (4-11)

$$\frac{\mathrm{d}V_2}{\mathrm{d}p}=-qF-qT+(1-q)Z=0 \tag{4-12}$$

$$q^*=\frac{Z}{F+T+Z}=1-\frac{F+T}{F+T+Z} \tag{4-13}$$

所以，模型的纳什均衡解为：

$$\left\{\left[\frac{Z}{F+T+Z},\frac{F+T}{F+T+Z}\right],\left[\frac{R}{R+C},\frac{C}{R+C}\right]\right\} \tag{4-14}$$

4.8.3　结果分析

博弈结果分析如表 4-7。

监督管理机构与施工单位双方博弈结果分析一览表　表 4-7

施工方措施	调整值	双方博弈过程		结果分析	
		短期	长期	短期	长期
加大安全处罚力度	增大 R 值	$\frac{dV_1}{dq}=pC-(1-P)R=0$ 由均衡状态等于0变为小于0，此时，V_1 随 q 增大而减少，为追求监督效率最大化，必然减小概率 q	加大处罚，监督机构不严管的均衡概率 $P^*=\frac{R}{R+C}=\frac{1}{1+\frac{C}{R}}$ 随着 R 值增大而增大，此时 $\frac{dV_1}{dq}=pC-(1-P)R=RC+PR-R$ 由于 P 值的增大，均衡状态由等于0变成大于0，此时，V_1 随 q 增大而增大，为追求监督效率最大化，q 相应增加	加大安全处罚力度，可促使施工单位加强安全管理，降低事故概率	加大安全处罚力度，施工单位会产生依赖心理，造成安全投入不足，增加事故概率
强化安全文化	Z 值增大	$\frac{dV_2}{dp}=-qF-qT+(1-q)Z$ 由0等于0变成大于0，此时，V_2 随P增大而增大，监督机构为追求监督效率最大化，必然增大 P	$q^*=\frac{Z}{F+T+Z}=\frac{1}{\frac{F+T}{Z}+1}$ 随着 Z 值增大而增大，则 $\frac{dV_2}{dp}=-qF-qT+(1-q)Z$ 由均衡状态等于0变成小于0，此时，V_2 随 P 增大而减小，为追求监督效率最大化，必然减少 P	短期强化创新监管，使建设单位自觉加强安全，可减少监督机构的监管，避免紧张气氛	长期加大安全处罚力度，建设单位会产生依赖心理，造成安全投入不足，增加事故概率
鼓励监督创新和科研	减小 C 值	$\frac{dV_1}{dq}=pC-(1-P)R=0$ 由均衡状态等于零变为小于零，建设单位得益 V_1 随 q 增大而减少，为追求监督效率最大化，必然减小 P	长期，监督机构不严格监管的概率 $P^*=\frac{R}{R+C}$ 随着 C 值减小而增大，为追求监督效率最大化，必然增加 P	短期强化创新监管，使施工单位自觉加强安全，可减少监督机构的监管，避免紧张气氛	长期鼓励监管创新会使安全形势改善明显

4.9 监督机构与监理单位

监管机构与监理单位之间是监管被监管关系。监理单位一方面以信息优势选择规避责任的行为；另一方面可能与施工单位“共同对策”，从而产生针对委托人的寻租活动[49]。由于双方都求自身利益最大化，且这种利益存在互斥效应。因此我们假设监管机构与监理单位之间是非合作博弈关系。运用博弈论建立建设方与工程监理的博弈模型。

4.9.1 基本假设与模型建立

基本假设与模型见表 4-8。

监管机构与监理单位双方博弈的基本假设　　　　**表 4-8**

理性博弈方	博弈战略		效用	整合战略	博弈策略
监督机构	监督	不监督	G_1，G_2	监督机构对监理单位寻租活动概率：x，监督有效概率：y	（1）假设施工单位支付标准：H，监理单位同意与施工单位“共同对策”并获得数额为 S 的收益；（2）假设施工单位寻租中支付相应成本费用给监理一部分 C_1，共同对策行为被监督机构发现后采取的处罚：Q；（3）假设监督机构监督发生费用：W，若监督过程不成功，寻租行为发生，监理单位和监督机构得益：C_1 和（S-H）-W；（4）假设监督机构证实监理与施工单位之间共同对策行为，对监理单处以 mC_1 数额的罚款，则双方得益分别为 mC_1 和（m+1）C_1 和（S-H）-W；（5）假设监理与施工单位合谋，监督机构未监督，则双方得益：C_1 和（S-H）；监理未与施工单位共同对策，监督机构也未监督，双方得益：0；监督机构监督，但没有发现共同对策行为，双方得益：0、-W
监理单位	寻租	不寻租	G_3，G_4	监理单位被施工单位寻租的概率：P	

在上述假设之下，监管机构和监理单位双方博弈模型如表 4-9。

监管机构与监理单位双方博弈得益模型　　　　**表 4-9**

行为	监督（x）		不监督（$1-x$）
	有效（y）	无效（$1-y$）	
寻租（合谋）P	$(m+1)\ C_1+(S-H)-W$	$-(S-H)-W$	
	$-mC_1$	C_1	C_1
不寻租（不合谋）P	$-W$	$-W$	0
	0	0	0

4.9.2　博弈的求解

（1）概率一定，期望收益分别是：

$$G_1=P\{[\ (m+1)\ C_1+\ (S-H)\ -W\ ]y+(1-y)\ [-\ (S-H)\ -W\ ]+(1-p)\ [\ (-W)\ y-W\ (1-y)\ ]\}\tag{4-15}$$

$$G_2=P\ [-\ (S-H)\ ]+0\ (1-P)\tag{4-16}$$

最优概率有：$$P^*=\frac{W}{y\left[(m+1)C_1+2(S-H)\right]}\tag{4-17}$$

（2）概率 x 一定，预期收益分别是：

$$G_3=x[-mC_1y+(1-y)\ C_1]+(1-x)\ C_1\tag{4-18}$$

$$G_4=0\tag{4-19}$$

最佳概率有：$x^{*}=\dfrac{1}{y(m+1)}$ (4-20)

博弈混合战略纳什均衡为：

$$\left\{P^{*},x^{*}\right\}=\left\{\frac{W}{y\left[(m+1)C_{1}+2(S-H)\right]},\frac{1}{y(m+1)}\right\} \tag{4-21}$$

4.9.3 模型分析

监管机构与监理单位博弈结果分析如表 4-10 所示。

监管机构与监理单位双博弈结果分析一览表 表 4-10

调整值	博弈过程	结果分析
寻租的最优概率 P^{*}	混合战略纳什均衡解可知	$p^{*}<p$，监督机构的最优选择是加强对监理的监督；$p<p^{*}$，监督机构不处罚
	与监督机构监督：W 成正比关系，同 y，m 成反比	监督机构加强执法监管成本 W，提高对监理惩罚强度 m，提高监督工作效率，降低 p
监督的最优概率 x^{*}	监督机构以最优概率：x^{*} 监督	若 $x^{*}<x$，监理行使权利；反之。若 $x^{*}>x$，监理则可接受寻租

4.10 建设单位与施工、监理三方博弈分析

博弈有唯一纯策略纳什均衡的博弈问题，一次性博弈和有限次重复博弈均不能实现理想的帕累托改进，那么进行无限次重复博弈能否实现帕累托改进，这里先介绍触发策略的概念：重复博弈中两个博弈方首先试探是否接受建设单位的经济手段管理，一旦发觉对方不合作则也用不合作相报复的策略，称为“触发策略”。触发策略是重复博弈中实现合作和提高均衡效率的关键。无限次重复博弈是有无限个阶段的动态博弈。各博弈方主观上认为安全博弈会不断进行下去，那么就可以看作是无限次重复安全博弈。无限次重复安全博弈是试图实现建设单位利用经济手段开展安全管理的均衡，接受管理合作是高效率安全管理均衡策略的核心。

4.10.1 模型的基本假设

安全博弈中有建设单位（建设方）、施工（承包方）和监理单位（监理方）三个

参与方。假设阶段博弈 G 能够进行无限多次，主要原因是建筑施工过程的安全隐患不断出现，只要有施工就有建设单位与施工、监理单位的安全博弈。阶段博弈中，在项目正常进行的情况下，建设单位（建设方）从项目安全管理中预期收益为 W，支付给施工单位（承包方）和监理单位（监理方）的报酬分别为 V_1、V_2，某阶段可能会发生如下情况：施工单位违规，监理单位不寻租，监理单位有义务和能力发现并纠正施工单位的违规行为，施工单位的违规不成功，损失 C，建设单位（建设方）和监理单位（监理方）无任何损失，以后的阶段中建设单位选择不再信任施工单位，对其进行处罚。继续信任监理单位，本阶段各方收益为（W，V_1-C，V_2）；施工单位（承包方）违规，监理单位（监理方）寻租，二者从寻租活动中分别获得收益 R_1、R_2，建设单位安全经费损失 L，施工单位和监理单位掩盖违规行为成本分别为 C_1、C_2，则本阶段三方收益为（$W-L$，$V_1+R_1-C_1$，$V_2+R_2-C_2$）；施工单位不违规，监理单位安全监理工作不到位，监理单位节约成本 C'，建设单位和施工单位既无损失也无额外的收益，三方收益为（W，V_1，V_2+C'）；由于价值是客观存在的，对于施工过程来说，其使用的安全资金数额大、时间长，如果不考虑时间价值，将不同时间的收入或支出简单地予以加减计算是不合理的，也就不能得出正确的结论。因此在无限次重复博弈中计算博弈各方支付时，需要考虑资金的时间价值因素。在本模型中，用贴现因子 δ（$0 \leqslant \delta \leqslant 1$）表示资金的时间价值。博弈各方的最后支付是将各个阶段支付折合到博弈第一阶段时的价值之和。

4.10.2 模型的建立

根据以上假设，建立如图 4-8 所示，重复博弈下的博弈模型。

4.10.3 模型的求解

如假设中所说，建设单位积极进行安全管理，一旦发现其他两方不合作，则采用触发策略进行经济处罚，转向原博弈的纳什均衡。下面将讨论在什么条件下（信任、不违规、不寻租）构成该无限次重复博弈的纳什均衡。假设建设单位已采用如下触发策略：在第一阶段建设单位选择信任施工单位和监理单位；在第 t 阶段，如果前 t-1 阶段的结果都是（W，V_1，V_2），则建设单位继续选择信任施工单位和监理单位，若发现第 t-1 阶段的结果是如下三种情况：

①（W，V_1-C，V_2），说明施工单位在该阶段采用了违规策略不履行安全职责，监理单位履行了安全职责，则从第 t 阶段开始，建设单位将选择永远不再信任该施工单位的触发策略，对施工单位采用经济手段，继续信任施工单位；

②（$W-L$，$V_1+R_1-C_1$，$V_2+R_2-C_2$），说明施工单位在该阶段采用了不予处罚的状态，

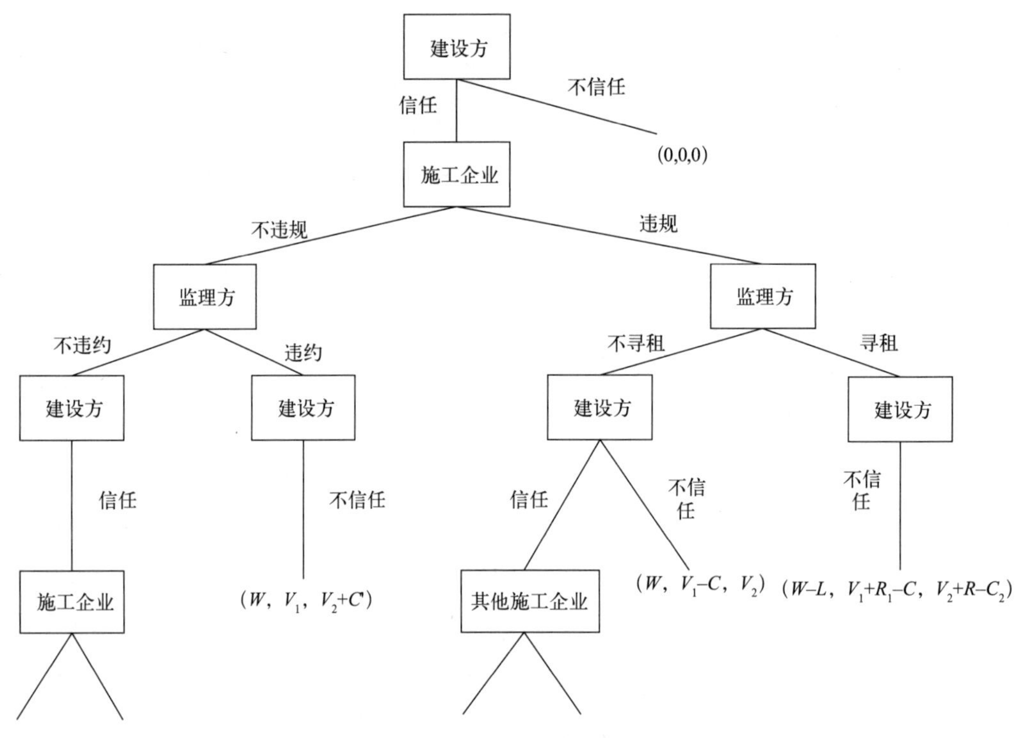

图 4-8 施工过程三方无限次重复安全博弈模型

监理单位采用了寻租策略与施工单位合谋，则从第 t 阶段开始，建设单位将选择永远不再信任该施工单位和监理单位的触发策略；

③（W，V_1，V_2+C'），说明施工单位在该阶段采用了履行安全管理职责的策略，监理单位采用了违约或不履行安全监理职责的策略，则从第 t 阶段开始，建设单位将选择永远不再信任该监理单位。触发策略，继续信任施工单位。

采用上述触发策略的博弈路径为每阶段各方收益为（W，V_1，V_2），用贴现因子 δ 表示资金的时间价值。则无限次重复博弈建设单位（建设方）、施工单位（承包方）和监理单位（监理方）总收益的现在值分别为：

$$W(1+\delta+\delta_2+\cdots)=\frac{W}{1-\delta} \tag{4-22}$$

$$V_1(1+\delta+\delta_2+\cdots)=\frac{V_1}{1-\delta} \tag{4-23}$$

$$V_2(1+\delta+\delta_2+\cdots)=\frac{V_2}{1-\delta} \tag{4-24}$$

因为无限次重复安全博弈是指阶段博弈 G 能够重复无限次，所以从该无限次重复安全博弈的任一阶段截取，以后各阶段安全博弈仍然构成无限次重复博弈。因此为了方便分析，可以将第 t-1 阶段看成该无限次重复博弈的第一阶段来分析，分析的结果是一样的。下面将根据第 t-1 阶段的三种不同结果分别分析。在第①种情况下，施工单位（承包方）在第一阶段即看重短期利益，采取违规行为最大化本阶段的收益，则其在第一阶段的收益为 V_1-C，但是，从第二阶段开始，建设单位（建设方）将采用不再信任该承包方的经济手段策略，这样该施工单位（承包方）在第一阶段以后各阶段的安全资金收益都是 0，因此，无限次重复博弈施工单位（承包方）第一阶段违规的情况下总得益的现在值是：

$$V_1-C+0\ (1+\delta+\delta_2+\cdots)=V_1-C \tag{4-25}$$

当永远不违规的总收益的现在值大于第一次违规的情况下总收益的现在值时，即：

$$\frac{V_1}{1-\delta}\geqslant V_1-C \tag{4-26}$$

$$V_1\geqslant (1-\delta)(V_1-C) \tag{4-27}$$

$$V_1\geqslant (V_1-C)\ \delta\ (V_1-C) \tag{4-28}$$

即 $\delta\geqslant(-C)/(V_1-C)$ 时，不违规是施工单位（承包方）对上述建设单位（建设方）触发经济手段策略下的最佳反应,否则违规是他的最佳反应。因为 $C>0$,$-C<0$，$V_1-C>0$，所以 $(-C)/(V_1-C)<0$，即只要 δ 大于等于一个负数，施工单位（承包方）永远采用不违规策略的利益大于第一次采用违规策略的利益，而假设中，$0\leqslant\delta\leqslant1$，因此在第①种情况下，理性的承包方为了追求更大利益，在无限次重复安全博弈中不会选择违规策略。（信任、不违规、不寻租）构成该无限次重复博弈的纳什均衡。在第②种情况下，施工单位（承包方）和监理单位（监理方）在第一阶段即看重短期利益，分别采取违规和寻租行为最大化自己本阶段的收益，则其在第一阶段的收益分别为 $V_1+R_1-C_1$，$V_2+R_2-C_2$，但是，从第二阶段开始，建设单位（建设方）将报复性地永远采用不再信任该施工单位（承包方）和监理单位（监理方）的经济手段策略，这样该施工单位（承包方）和监理单位（监理方）在第一阶段以后各阶段的收益都是 0,因此，无限次重复安全博弈在施工单位（承包方）和监理单位（监理方）第一阶段寻租的情况下总得益的现在值分别是：

$$V_1+R_1-C_1+0\ (1+\delta+\delta_2+\cdots)=V_1+R_1-C_1 \tag{4-29}$$

$$V_2+R_2-C_2+0\ (1+\delta+\delta_2+\cdots)=V_2+R_2-C_2 \tag{4-30}$$

当施工单位（承包方）永远不违规的总收益的现在值大于第一次违规的情况下总收益的现在值时，即：

$$V_1(1-\delta) \geqslant V_1+R_1-C_1 \tag{4-31}$$

整理得：$\delta \geqslant \frac{R_1-C_1}{V_1+R_1-C_1}$时，不违规是施工单位（承包方）对上述建设单位（建设方）触发经济手段策略下的最佳反应，否则违规是他的最佳反应。

同理，当监理单位（监理方）永远不违规的总收益的现在值大于第一次违规的情况下总收益的现在值时，即：

$$\frac{V_2}{1-\delta} \geqslant V_2+R_2-C_2 \tag{4-32}$$

整理得：

$$\delta \geqslant \frac{R_2-C_2}{V_2+R_2-C_2} \tag{4-33}$$

不违规是监理单位（监理方）对上述建设单位（建设方）触发经济手段策略下的最佳反应，否则违规是他的最佳反应。所以，当同时满足$\delta \geqslant \frac{R_1-C_1}{V_1+R_1-C_1}$和$\delta \geqslant \frac{R_2-C_2}{V_2+R_2-C_2}$时，（信任、不违规、不寻租）构成该无限次重复安全博弈的纳什均衡。

在第③种情况下，监理单位（监理方）在第一阶段即看重短期利益，采取偷懒等行为最大化本阶段的收益，则其在第一阶段的收益为 V_2+C'，但是，从第二阶段开始，建设单位（建设方）将报复性地永远采用不再信任该监理单位（监理方）的策略，这样该监理单位（监理方）在第一阶段以后各阶段的收益都是 0，因此，无限次重复博弈监理单位（监理方）第一阶段违规的情况下总得益的现在值是：$V_2+C'+0(1+\delta+\delta_2+\cdots)=V_2+C'$，当监理单位（监理方）认真履行安全职责的总收益的现在值大于第一次违规的情况下总收益的现在值时，即：

$$\frac{V_2}{1-\delta} \geqslant V_2+C' \tag{4-34}$$

整理得：$\delta \geqslant \frac{C'}{V_2-C'}$时不违约是监理方对上述建设方触发策略下的最佳反应，（信任、不违规、不寻租）构成该无限次重复安全博弈的纳什均衡。

4.11　监督机构与建筑企业的演化博弈模型分析

演化博弈论从系统论出发，将群体行为的调整过程看作一个动态系统，以有限理性为基础，突破了经典博弈论理性假设的局限，强调动态的均衡。演化博弈论认为，有限理性的经济主体无法准确知道自己所处的利害状态，而是通过最有利的策略模仿下去，最终达到一种均衡状态。在安全监管中，监管部门是否监管施工单位的相关负责人以及操作人员是否履责是一个动态博弈过程。在有限理性前提下，监督机构将对施工单位的相关负责人和操作人员参照驾驶员驾驶证扣分处罚机制对安全岗位证书进行扣分惩罚，施工单位的相关负责人和操作人员可以选择的策略包括“履责”或“不履责”；政府监管部门为了确保生命财产安全，可选择的策略包括进行“监管”和“不监管”。

4.11.1　模型的基本假设

（1）施工单位的相关负责人及操作人员的收益假设为：

当履责时，投入 c 用于消除安全事故隐患，则收益为 $\pi-c$，其中，π 为正常履责时能够获得收益。当施工单位的相关负责人和操作人员不履责时，建筑工程发生事故的概率为 f，发生事故时损失 L。若监管部门进行监管，发现施工单位的相关负责人和操作人员不履责，将对其扣分并处罚款 m，则企业的收益为 $\pi-m-f_1$。

（2）若监管部门未进行监管，则不进行扣分或缴纳罚款，施工单位的相关负责人和操作人员的收益为 $\pi-f_1$。监管部门的收益假设为：

当监管部门进行监管时，由于监管部门对施工单位的相关负责人和操作人员进行安全监管是本职工作，该项工作不能为其带来额外收益，因此当施工单位的相关负责人和操作人员履责时，监管部门收益为 0；当施工单位的相关负责人和操作人员不履责时，监管部门的收益为扣分和处罚的罚款 m。

当监管部门不进行监管时，工程若发生事故将处罚 n。施工单位的相关负责人和操作人员履责时，监管部门的收益为节省的安全监管费用 $\Phi(r)$，其中，r 为建筑工程给政府带来的收益。施工单位的相关负责人和操作人员不履责时，监管部门的收益为 $\Phi(r)-f_n$。

4.11.2　模型的建立

假设施工单位的相关负责人和操作人员履责运作策略的比例为 x，不履责运作策

略的比例为 $1-x$；监管部门选择监管策略的概率为 y，选择不监管策略的概率为 $1-y$。那么，施工单位的相关负责人和操作人员选择履责和不履责运作的期望收益 U_1 和 U_2，以及平均期望收益 U 分别为：

$$V_1=0+(1-x)m=m(1-x) \tag{4-35}$$

$$U_2=y(\pi-f_1-m)+(1-y)(\pi-f_1)=\pi-f_1-my \tag{4-36}$$

$$U=xU_1+(1-x)U_2=(\pi-f_1-my)+x(my+f-c) \tag{4-37}$$

同理可得，监管部门选择监管和不监管的期望收益 V_1 和 V_2，以及平均期望收益 V 分别为：

$$V_1=0+(1-x)m=m(1-x) \tag{4-38}$$

$$V_2=x\Phi(r)+(1-x)[\Phi(r)-f_n]=\Phi(r)+(1-x)f_n \tag{4-39}$$

$$V=ym(1-x)+(1-y)[\Phi(r)-(1-x)f_n] \tag{4-40}$$

根据 Malthusian 方程得：

$$F(x)=\frac{\mathrm{d}x}{\mathrm{d}t}=x(U_1-U_2)=x(1-x)(U_1-U_2)=x(1-x)(f_1+my-c) \tag{4-41}$$

$$F(y)=\frac{\mathrm{d}y}{\mathrm{d}t}=y(V_1-V)=y(1-y)(V_1-V_2)=y(1-y)\left[(m+fn-\Phi(r))-x(m+f_n)\right] \tag{4-42}$$

4.11.3 模型分析

（1）当施工单位的相关负责人和操作人员不履责运作的期望事故损失大于安全生产成本时，无论监管部门是否监管，施工单位的相关负责人和操作人员都会选择履责策略；当施工单位的相关负责人和操作人员不履责运作时的期望事故损失小于安全生产成本时，施工单位的相关负责人和操作人员的策略选择依赖于建设工程安全监管部门的策略选择，安全监管部门选择监管策略的概率越大，施工单位的相关负责人和操作人员选择履责的运作策略意愿越大[50]。

（2）设博弈支付矩阵中各参数值分别如下：

$\pi=20$，$c=3$，

$f=0.2$，$l=5$，

$$m=4，\Phi(r)=5，n=4，$$

此时 $f_1=l<c=3$，$0<c-f_1m=0.5<1$。若 $y>0.5$，本例取 $y=0.7$。则策略随时间变动的动态演化过程如图 4-9 和图 4-10 所示。

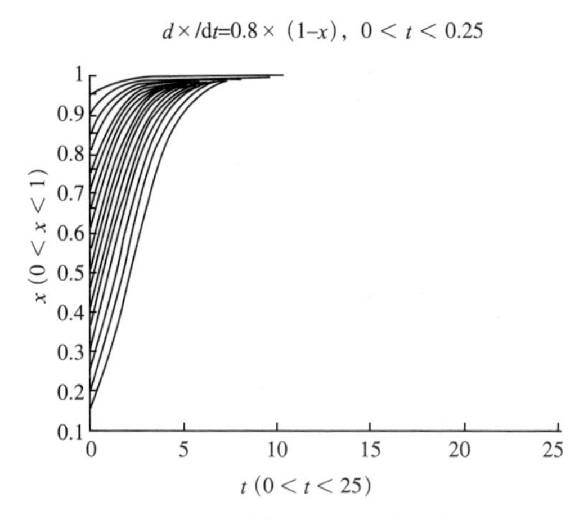

图 4-9　y=0.7 时策略随时间的动态演化过程

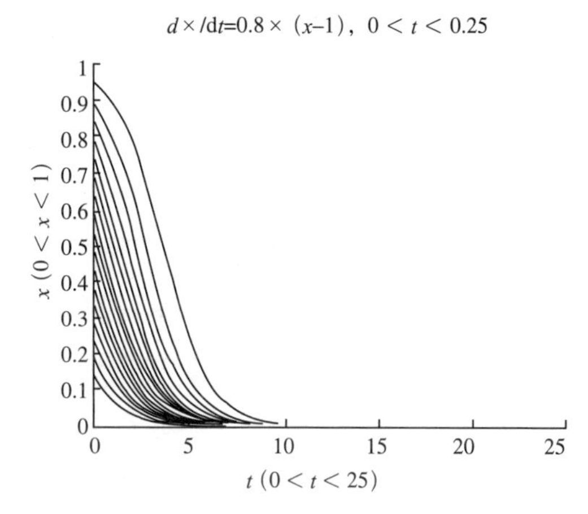

图 4-10　y=0.3 时策略随时间的动态演化过程

从图 4-9 和图 4-10 中可见，在不同的“履责运作”策略初始概率下，施工单位的相关负责人和操作人员选择“履责运作”策略的概率最终都会收敛于 1，且收敛速度随初始概率的增大而加快，即当政府监管部门选择“监管”策略的概率大于 0.5 时，施工单位的相关负责人和操作人员最终将采取“履责运作”策略。

4.12　本章小结

（1）通过以上非合作博弈分析可以看出，监管机构参与施工安全管理积极性的变化与安全处罚、安全信用、监管创新、监督效益有关。监管机构依法做好监督工作：对建设、施工、监理等单位安全管理工作的监管效能起到积极的影响 [51]。针对监管管理机制不健全，力度不够。政府监管部门负责政府层面的对建设工程安全监管职能的履行，实行差别化监督模式，对发生安全事故的施工单位进行重点监督执法，对其施工的工地进行定期督查，发现违法行为，将进行严厉查处。通过重点查处管理差并易发生事故的企业和现场，督促其提高安全管理水平，达到安全管理的效果。只有将差的变为好的，把管理松懈的变为管理严格的，使用末位淘汰和对末位重点管控的方式，才能提高监督效率，达到监督效果。通过加大执法处罚力度，建立建设工程安全法制建设的长效机制。

（2）由各种情形下的博弈结果可得，当贴现因子 δ 大于一定数值时，各方之间实现了最佳效率意义上的安全博弈均衡。模型中 δ 也可以理解成为施工单位（承包方）或监理单位（监理方）进入下一阶段安全博弈的概率，只有施工单位（承包方）和监理单位（监理方）放弃短期的经济利益，采用遵守安全法律法规而自觉履行安全职责的行为策略。实际上 δ 也可以理解为建设单位经济手段的标准程度，贴现因子 δ 越大，表示建设单位通过经济调节手段使各方建立一个长期的合作机制。反过来，δ 越小，建设单位采取的经济处罚力度越大，施工单位（承包方）或监理单位（监理方）的经济损失越大，促使施工单位（承包方）或监理单位（监理方）接受建设单位的经济手段的安全管理模式。由建设单位利用经济手段控制和管理施工、监理单位履行安全管理职责。建设单位定期对施工单位的安全防护和安全教育、技术交底等工作进行考核，核算安全经费的投入，由建设单位根据考核结果拨付安全专项经费。对于未进行安全投入的，将不予拨付相应的安全经费，并暂停拨付其他工程费用，等施工单位的安全防护及教育、交底等投入到位，由建设单位组织验收合格后再拨付相应的安全经费和其他工程经费，同时建设单位利用经济手段对监理单位进行约束。对于未履行安全监理职责的，将不予以拨付监理费用。并可以根据履责的程度，采取必要的经济处罚措施督促监理单位自觉履行安全监理职责，建立长效的安全生产管理机制。

（3）建立演化博弈论模型分析，强化安全意识，提出对企业安全管理人员和特种作业人员参照驾驶员违法扣分处罚的方式进行记分处罚，督促其自觉履行安全职责。对于持有安全许可岗位证书的施工单位负责人、项目负责人、专职安全管理人员和特种作业人员进行记分管理。记分分值为 12 分，执法部门在施工现场执法时根据情节进行扣分。对于违法行为记满 12 分的，将吊销其安全岗位证书，重新学习考取岗位证书；对于出现重大安全隐患需要停工整改的相关责任人，给予 6 个月内不许重新申请取证的处罚；对于发生事故的相关责任人，给予一年内不许重新申请取证的处罚。

第 5 章　构建新型建设工程安全监督管理体制

5.1　建设工程安全监督管理理论框架

通过以上章节的论述，结合国外发达国家的先进经验，分析我国建设工程的监督现状，结合安全理论研究，提出适合我国的建设工程安全监督管理框架，见图 5-1 所示。达到政府执法监管、行业自律监督管理、企业全面负责的监管格局。

新构建的建设工程安全监督管理体制是在较为完善的建设工程安全生产法律法规以及社会大众的共同监督下，以建设工程行政主管部门为基础，行业协会组织、建设单位、施工企业、监理企业、勘察、设计单位、中介机构以及保险机构等各方主体共同参与的监督管理模式。建设工程行政主管部门在工程建设的安全生产中，直接对建筑企业的安全生产行为进行垂直的监督管理，并对它们的安全生产行为和操作规程等进行指导和协调[47][48]。建筑行业协会组织则接受建设工程行政主管部门的授权和委托，对建筑企业的安全生产行为进行辅助的监督管理，同时还可以为企业提供相应的咨询服务，并就自己的辅助管理行为接受建设工程行政主管部门的监督。施工企业在参与工程建设的活动中，自觉履行承包合同的义务，就自己的安全生产行为接受建设工程行政主管部门、行业协会组织、建设单位、监理企业及勘察、设计单位等监督，并有权利参与建筑行业协会组织和中介机构举办的各种安全生产教育和培训活动，从而提高企业的安全管理水平，还可以就安全生产活动中的各种技术难题向行业协会组织进行反馈和咨询。建设单位、监理企业、勘察设计单位等也应认真履行合同义务，自觉接受建设工程行政主管部门和建筑行业协会组织的监督，同时还要对施工企业的安全生产情况进行监督和管理。材料、设备供应商则要提供质量合格的施工生产材料、设备和机械，并接受监理企业和勘察、设计单位的监督管理。中介机构应加强与各方主体间的联系和沟通，充分发挥咨询服务作用，也可以接受保险机构的委托对建筑企业的安全生产行为进行监督。

在建设工程安全监督管理体制中，建设工程行政主管部门和建筑行业协会组织以组织者和服务者的身份将建筑生产活动的各个利益群体连接起来，共同参与安全生产监督管理，加强相互之间的沟通和联系，利于各个主体间发挥监督管理作用，从而摆脱了建设工程行政主管部门单方面进行建设工程安全监督管理的体制。同时在新体制内部，建设工程安全监督管理法律法规和社会的联合监督作用共同形成了建设工程安全生产监督管理体制的外在驱动力，它使得建设工程安全监督管理体制内部的建设工程行政主管部门、行业协会组织、建设单位、施工企业、监理企业、勘察、设计单位、中介机构、保险机构等之间的监督管理作用发挥得更加顺畅[49]。

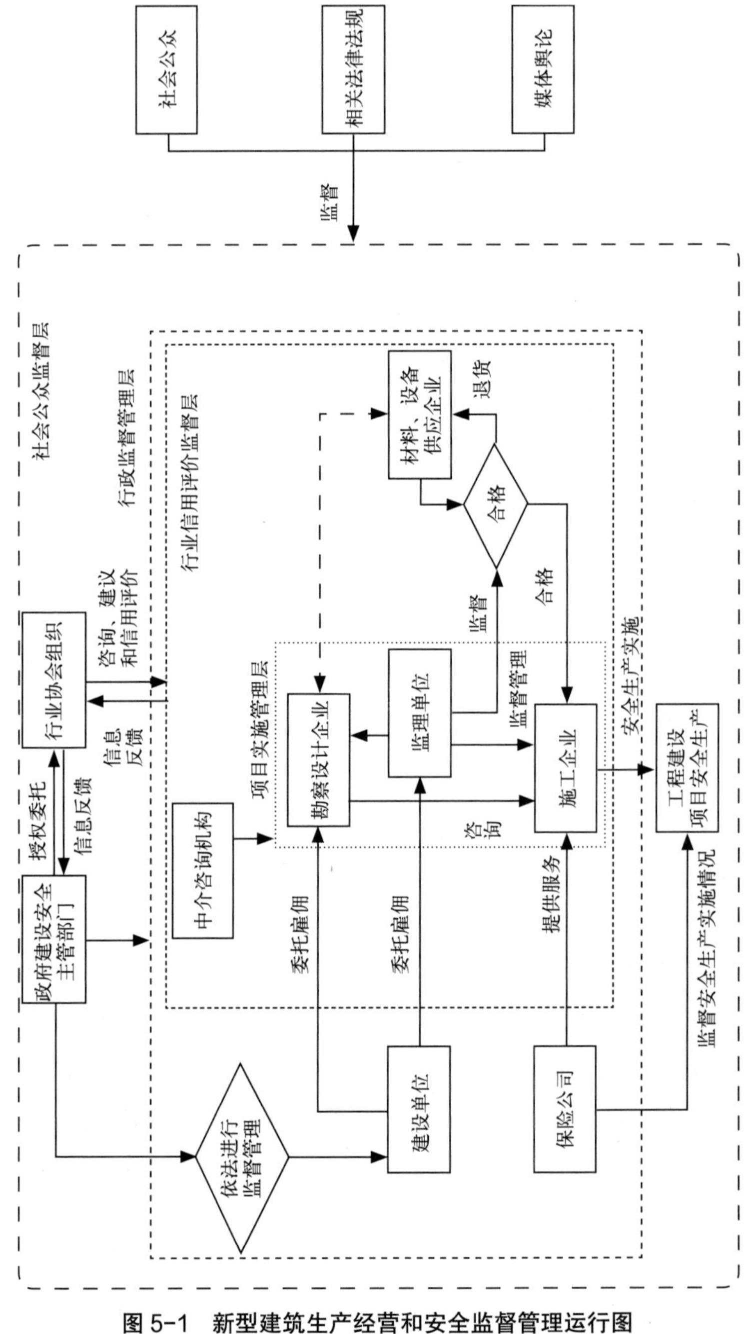

图 5-1　新型建筑生产经营和安全监督管理运行图

5.2 安全监督管理层次体制的构成

从整个建设工程安全监督管理运行过程来看，该运行体制分为以下四层：

5.2.1 项目实施管理层

由建设方牵头，监理方、设计方和施工方共同组成的工程建设项目安全监督管理核心实施层，针对工程建设项目中具体的安全生产进行“安全设计”、过程管理和安全生产实施；相关各方通过依法订立的合同进行约束和相互管理。

监理方、设计方和施工方共同组成的工程建设项目实施监督管理层属于项目内部安全管理的层面。建设工程安全监督管理体制的项目层保证工程建设项目内部的安全性，它主要包括人的安全因素、物和环境的安全状态。

在规范建筑业安全生产的过程中，保障项目层的安全因素和状态在整个建筑业安全监督管理中起着主导作用。由于人和物的不安全因素是造成建设工程安全事故的直接原因，环境的不安全状态是形成建设工程安全事故的间接原因，因此要保证工程建设项目的顺利进行，就必须首先保证施工现场生产活动的人和物处于安全的状态之中，然后控制建筑施工现场的自然环境和工作环境，使其达到安全生产的条件[50]。要对工程项目中人、物还有环境的不安全因素和状态进行控制，就必须从本质上控制施工现场人、物和环境的不安全状况，加强对施工现场一线人员的安全管理，隔离施工现场物的安全隐患，创造施工现场工作环境的良好局面，才能从根本上保障建筑业的安全生产，确保建设工程安全生产活动有序进行。

5.2.2 行业信用评价监督层

由行业协会牵头，中介咨询机构为建设方、设计方、监理方和施工方提供咨询，同时接受行业协会和保险公司的安全信用监督管理；各方部分通过合同约束，部分依据国家法律或者行政法规执行管理。

该层的监督管理活动中，监督管理效果的好坏直接受到建设单位、施工企业、监理企业、勘察、设计单位、材料、设备供应商、中介及保险机构等企业的影响，因为这些企业对工程项目建设的安全管理直接起到协调、监督、管理和组织的作用。

5.2.3 行政监督管理层

政府建设主管部门受国家和地方政府的授权，依据国家的法律、法规、行政命令和地方条例对建设方以及整个行业进行监督管理。建设工程行政主管部门主要从行政执法的强制监督地位对参与建设的各方行为主体的申报制度、市场准入、备案及许可证等方面进行事前监督管理，同时还对建设单位执行建设法规情况，设计单位履行安全职责、施工企业施工过程安全和影响安全的关键部位、参建各方及人员的资质和岗位证书等情况[54]主动进行事前、事中及事后的安全生产监督管理，有效地杜绝和避免各行为主体违规进行安全生产的行为，增强他们的安全管理自律水平[55]，从建设工程行政主管部门的层面保证建设工程安全监督管理体制的正常运转。同时建筑行业协会组织接受建设工程行政主管部门委托和授权，代替建设工程行政主管部门行使部分职能。建筑行业协会组织主要对建设单位的审批报建手续、招标过程、建设流程等进行管理；对施工企业的施工现场安全状况进行监督；对勘察、设计单位的勘察、设计行为进行跟踪；对监理企业的现场监理行为、监理程序及监理人员的资质进行监督管理；还对中介机构、保险机构的资质管理和业务水平进行管理。行业协会组织对这些主体进行的监督管理行为是辅助建设工程行政主管部门进行的安全监督管理，因此建设工程行政主管部门与建筑行业协会组织在对进行安全监督管理时，定位准确，分工明确，职责明晰。

5.2.4 社会公众监督层

社会大众和舆论媒体对政府行政管理能力、行业协会进行监督，对建设方、设计方、监理方和施工方的安全生产行为进行舆论监督管理，确保建设工程安全监督管理行为处于全社会的监督之中，使得各方主体的安全生产行为和监督管理行为更加透明。

建设工程安全监督管理多个层次的划分，改变了过去由政府独自进行监督管理的单一模式，各个层次之间既各负其责、各展其用、各司其职，又相互联系，相互依存，缺一不可，彼此构成一个完整的建设工程安全监督管理体制。

5.3 建设工程安全监督管理模式的运行与反馈机制

5.3.1 建设工程安全监督管理模式运行机制

(1) 建设方

在工程建设的参与主体中，对安全生产起关键影响作用的是建设方。建设方作为项目的投资主体，应清楚认识自身的安全生产责任，自觉加强自身的内部监管。首先要选择资质和实力较强的施工企业以及安全管理水平较高的监理单位承担现场监理工作，并根据合同按时足额支付安全措施管理费用给施工企业，同时有责任和义务监督施工企业设立安全生产管理机构，配备安全生产管理人员，购买符合国家安全施工要求的劳动防护用品和机械设备等[55]。

（2）建筑企业自身安全监督管理机制

建筑企业应建立起自我约束的安全生产监督管理机制，实现企业与施工作业人员安全生产行为的统一。建筑企业把安全生产自我约束的监督机制纳入企业安全生产管理体系范畴，实现了本质的安全生产，从而最大限度地避免安全事故的发生，提高企业自身的安全管理水平。施工企业要建立企业法人责任制、安全生产责任制和管理制度，健全安全技术保证措施，提高企业自主安全生产能力，完善自我约束机制，同时抓好企业内部安全教育、安全培训、安全宣传、工伤保险等工作，制定安全生产应急预案并演练，落实安全警示、安全防护、劳保用品等措施，改善施工作业的环境，保证企业自身安全监督管理的有效性[56][57]。

（3）监理企业

监理企业作为工程建设责任主体之一，是介于建设单位和施工企业之间的第三方，受建设单位委托对工程建设进行全过程监控，它对建设工程的安全施工起着重要的监督作用，且具有其他阶段监督检查所没有的优点。

首先，监理企业应在合同及法律法规规定的范围内对工程项目实施全过程的控制，代表建设单位对施工现场的安全情况进行监督管理，严格对有关信息进行管理，对施工企业的安全生产管理机构及人员设置、安全与文明施工措施费用使用、施工现场作业安全、施工质量等进行监督检查，逐渐实行“道道施工工序检查，层层施工安全把关”的监督管理程序。

其次，监理单位要将了解到的情况向建设单位进行反馈，同时对分包单位、勘查单位、设计单位和材料、设备供应商等进行监督管理，以确保它们履行相应的合同义务。通过监督管理促进各相关单位的通力合作，在确保各环节安全的同时，加强彼此之间的监督，实现建筑企业之间的相互监督机制，从而实现工程项目建设、安全监督管理进入良性循环的生产轨道。

（4）设计单位与材料、设备供应商

虽然设计单位和材料、设备供应商参与工程建设活动较少，但他们同样是项目建设的安全责任主体之一。因为勘察企业的勘察、测量报告与施工活动的安全生产密切联系，设计单位的设计成果不仅影响建设单位的工程建设成本，其设计的建筑方案和结构还与人民群众的生命财产安全息息相关。同时施工现场机械、设备等物的不安全因素是导致安全事故发生的直接原因，因此材料、设备供应商所提供的机械、设备等与安全生产直接相关[58]。

勘察、设计单位应开展“安全设计”，通过对施工流程和工艺设备安装过程中可能涉及的不安全因素进行风险预测、评估，从而通过有效的设计避免风险的发生，在施工图设计阶段就为建设工程安全奠定良好的基础。

在施工过程中，设计单位根据设计图纸协同施工单位的施工行为，确保它是依据图纸进行施工的，还可以根据施工现场的具体情况进行协商并适时做出相应的变更，勘查单位可以将勘查地形的结果供设计单位进行设计决策，施工企业必须将现场的地质情况反馈给勘查单位。同时勘察、设计单位还要加强对材料、设备供应商的监督，以确保施工现场的生产材料、设备和机械等的安全状态。

（5）建设工程行政主管部门与行业协会组织

建设工程行政主管部门和行业协会应从宏观层面，通过法律、法规和有效的制度管理均衡各方利益，最大限度地避免安全事故的发生，保证工程建设施工生产活动的安全顺利进行。建筑行业协会组织作为协调建设工程行政主管部门、建设单位和施工企业的重要组织，应积极促进建设单位与施工企业之间的平等协商，实现双方的利益均衡。建筑行业协会组织作为独立于建设工程行政主管部门、建设单位和施工企业之间公平、公正的第四方，对协调三方之间的不协调关系以及处理建设单位和施工企业两方之间的争议，推进三方之间的沟通和联系产生着重要作用。

建筑行业协会组织就其对施工企业进行监督管理的过程中，对施工企业在建设过程中遇到和存在的问题，向建设工程行政主管部门进行反馈，督促建设工程行政主管部门在最快的时间内做出反应。从而加快信息的流通，提高建设工程行政主管部门的监督管理效率。

建筑行业协会应该尽快建立建筑行业注册企业及责任人的安全信用体系，加强对其安全信用的考核，利用相关的媒体和网络予以公示，提高相关企业对安全生产的重视度。安全信用考核的结果可以作为建筑企业工程保险费率高低的评定标准，通过经济的手段有效促进建筑企业对安全信用度的重视[59]。

（6）中介机构和保险机构监督管理机制

与建设工程安全相关的中介机构有：科研研究机构、工人技能培训机构、风险管理咨询机构和信用评价机构等。此外，还有涉及事故发生以后的安全生产监督鉴定机构。它们为建设工程安全生产的决策、设计、实施都提供了强有力的技术支撑。

更重要的是除了提供相关服务职能外，还起到建设方和施工方与政府和行业协会“沟通桥梁”的作用，它针对工程建设的不同主体，采取不同的沟通方式，使得建设工程行政主管部门、建设单位、施工企业等之间的联系和沟通更加顺畅。

（7）保险机构监督管理机制

工程建设过程中单靠行政命令和行业协会监督管理是远远不够的，并且它们的监督管理仅仅停留在行政命令的层面上，而我国建筑业的安全管理水平要取得提高，必须完善保险制度的实施，工程保险可以确保安全事故发生后建筑工人能够得到有效的补偿，这样就可以为建筑施工企业有效转移风险。保险机构为了维护自身的经济利益，一定会积极、主动地对工程建设中的施工活动进行安全监督，其行为往往比建设工程行政主管部门更为有效，这样工程保险就成为一种有效预防安全事故的经济激励手段[60]。

5.3.2　建设工程安全监督管理体制的反馈机制

建设工程安全监督管理体制的持续改进是我国建筑业安全形势发展的必然要求，也是体制运行过程的必然结果。体制持续不断的改进不仅能够有效促进我国建设工程安全监督管理水平的提高，还能使各主体真正地融入建设工程安全监督管理工作中，并为体制的不断发展提出具体要求和改进意见，因此持续改进机制也是建设工程安全监督管理体制运行模式的重要机制。

建设工程安全监督管理体制的改进机制是一个不断持续的过程，这个过程需要与体制的执行、评价和反馈紧密结合。因为完善的执行机制、系统的评价机制是建设工程安全监督管理体制持续改进的关键，同时信息反馈机制对于建设工程安全监督管理体制的持续改进产生重要影响，动态的信息反馈有利于查找和发现建设工程安全监督管理体制在运行过程中的不足之处，从而对反馈出来的问题进行有针对性的分析、处理和改进，因此信息反馈机制对建设工程安全监督管理体制的运行至关重要。所以在对体制进行持续改进的过程中，要充分遵循执行→评价→改进→反馈→再执行的过程，对整个建设工程安全监督管理体制的运行过程进行动态跟踪，构成了建设工程安全监督管理体制的运行模式，并在这种不断重复的过程中，充分发挥监督管理工作的主观能动性，结合监督管理体制执行过程中客观存在的问题和实际情况，重视对执行机制效果进行评价，对评价的结果和指标进行具体分析，对反馈的信息进行总结，从而不断地完善和改进建设工程安全监督管理体制。

第 6 章　安全监督管理体制运行对策与建议

建设工程安全监督管理体制是一项系统工程，除了安全监管模式之内的运行机制的保障，还必须辅之以法律法规、政府行政组织、行业协会组织文化等保障措施。

6.1　完善安全监督管理的法律法规

6.1.1　完善修订法律、法规和安全标准

2007 年 6 月 1 日颁布实施《生产安全事故报告和调查处理条例》和新《安全生产法》，各级地方政府应结合该条例制订、修改和完善相应的地方性法规、行政规章、安全标准。另外，各地区应该根据本辖区建设工程安全生产的具体情况，制定地方性法规和地方性技术标准，以与我国建设工程安全生产的法律法规相配套相统一，使法律法规的执行更加有效。

6.1.2　明确行政安全监督管理机构的法律地位

中华人民共和国国务院令第 393 号《建设工程安全生产管理条例》第三十九条和第四十四条明确规定，“国务院负责安全生产监督管理的部门依照《中华人民共和国安全生产法》的规定，对全国建设工程安全生产工作实施综合监督管理”，“建设行政主管部门或者有关部门可以将施工现场的监督检查委托给建设工程安全监督管理机构具体实施”。但实际上目前我国建设工程安全监督管理机构所具体行使的大多是行政许可或者行政处罚等政府职能，且机构的性质大部分为自收自支的事业单位，对于行政安全监督管理机构来说，执法是重点。因此，我国建设行政安全监督管理机构要想对建设工程安全进行切实有效的监督管理并取得成果，就必须解决目前安全生产监督管理机构法律地位较低、工作范围和权威性较窄等问题。

6.1.3　增强建设工程安全生产法规的可操作性

经过多年的改革，我国的建筑法律法规已发展成为多种类、多方面的建设工程安全监督管理法律与法规。但是，不容忽视的是大部分关于建设工程安全监督管理的法

律法规内容规定不明确、不具体，可操作性低，导致安全监督管理部门执法尺度较难统一。这就需要我们结合工程实际，对《安全生产法》、《建设工程安全生产管理条例》等法律法规内容进行深入研究，把相关法律条文进行细化，制订具体化的处罚条款，明确实施细则，增强可操作性和可实施性，使其真正成为建设工程安全政府监管部门规制安全生产活动的准确依据[61][62]。

6.2　完善建设行业市场信用体系

6.2.1　信用体系的基本构成

信用是市场经济之根本，是维持公平公正的市场秩序的基础，是实现资源优化配置的基础，是整顿和规范建设领域市场秩序的治本举措，也是建设行业有序健康发展的重要保证。建立工程行业诚信信息平台需要遵守社会主义市场经济的发展规律，以建设项目各参与方为主体，强化相关从业人员的诚信管理，建立由政府、企业、群众参与的“三位一体”诚信监督保障体制，营造诚实守信的良好氛围。建设行业信用体系必须以建设行政主管部门为主导，坚持市场化运作的方针，明确守法、守信奖励和失信严惩的原则，充分调动各参建方和社会公众的积极性，按照信息透明、严格执法的方针，定期向全社会发布诚信信息，营造良好的建筑市场诚信环境，具体做法如下：

（1）建设行政主管部门对相关工程建设主体进行守法诚信评价和审核，相关信息确认无误后在建设行业诚信信息平台上发布。

（2）建设行政主管部门对于具有良好行为的建筑企业出具无违法违规行为证明。

（3）安全监督部门出具无安全生产事故证明。

（4）工程质量监管部门出具无质量事故证明。

（5）工程款清欠部门出具无欠农民工工资证明等文件。

（6）行业协会和中介咨询机构在综合信用评价仍需发挥监督和信息反馈作用。

6.2.2　发挥行业协会和中介咨询机构的作用

加大发挥行业协会和中介机构的市场主导作用，以政府发布的诚信行为记录为基础，以行业自律守法、守信和守德的标准，通过行业标准有效反映建筑施工企业的综合实力（主要包括经营、资本、管理、技术等）为补充进行综合评价[17]。完善工程建设行业的信用评价作用，具体做法如下：

（1）发挥行业协会的力量，整合地方性信息发布平台，建立区域性诚信信息发布平台，确保收集资料信息的完整和准确性，实现相关资源信息共享。

(2)统一诚信评价标准。通过行业协会的监督管理建立法定建设程序、招投标交易、合同管理、资质管理、资金流向、农民工工资支付、质量安全管理和职业资格人员的平台，按照权重大小进行量化和细化，把安全管理作为诚信评价标准中的重要标准。

(3)统一诚信奖惩机制。对于具有良好行为记录的建筑施工企业，可以通过招投标加分、物质奖励和精神奖励的方法，引导、鼓励其诚信守诺行为；对于产生不良行为记录的企业，将其确定为重点监控对象，会同公安、工商、税务、安监等有关部门，依靠行政处罚和社会舆论的力量多管齐下对其进行严格的管理（这其中包括行政处罚、高额罚款、社会舆论等）；对于行为极其恶劣的，通过法律的手段，向人民法院提起公诉，坚决追究失信者的法律责任，提高企业和企业法人的失信成本[63]。

(4)建立项目审批与企业安全信用挂钩的制度。通过金融部门、工商管理部门、税务部门、土地规划管理部门和社会监督部门共同作用的信息监管平台，对企业安全信用进行评级，形成“一处失信，处处受制”的惩罚机制。以此为标准，行政管理部门将不予审批其承揽的工程，不予核发施工许可证。

6.3 强化我国建设工程安全监督管理组织机构

6.3.1 明确监管组织机构的职责范围，提高监管效率

目前我国的建设工程安全政府监管组织机构之间职能重叠，交叉管理、条块分割问题严重，浪费资源，监管成本高昂，效率低下。应该明确界定各监管组织机构的职责范围，不同的监管职能由不同的部门负责，同时全面覆盖盲区和死角，纵向省、市、县三级层层监管，横向安全生产监督管理部门、建设行政主管部门、监管机构有效联动，形成一个纵向到底、横向到边的强有力监管组织体系[65]。

6.3.2 促进建筑行业协会组织内部建设

由国外发达国家先进的建设工程安全管理模式可知，建筑行业协会组织要想充分发挥其行业自律的监督管理作用，首先就要成为独立于政府的非政府组织。一方面，可以通过引入市场运作机制，寻找社会效益与经济的最佳结合点；另一方面，可以通过开辟多元化的建筑行业协会组织安全管理经费来源渠道，如收取企业或个人会员会费、建设工程行政主管部门委托业务收入、开展学术交流、提供咨询服务以及其他中介服务等方式获取经费来源。同时要树立竞争意识，转变工作职能和工作方式，完善工作制度，建立民主决策、办理事务公开、财务管理、信访举报等制度，加强建筑行业协会组织内部的监督管理。还要积极创造条件，拓展业务水平，收集、整理和发布

行业协会组织运作信息，并对建筑企业进行业绩和诚信评估，启用综合素质较强的精干队伍提供服务，引入志愿者队伍加强行业协会组织的宣传工作，积极让社会了解建筑行业协会组织的特色及优势。同时还要强化其监督和管理职能，从而改变目前建设工程安全行业协会组织监管不力的局面。

6.3.3 深入中介和保险机构内部建设

随着我国对建筑业中介机构管理的不断规范，中介机构在参与建设工程安全管理的过程中，要制定详细的工作章程、工作程序和工作职责，完善内部运作。一方面确保业务水平过硬，这不仅要求中介机构的资质符合国家相关规定，同时还要求中介机构内部从业人员的专业水平和文化素质达到相应标准；另一方面要确保其所提供的相应服务如咨询、评价和统计分析等数据的真实性和客观性，从而保证中介机构的公正性[66][67]。

保险机构要对从业人员进行资质管理，制定从业人员道德和行为准则、行规行约，对保险从业人员进行资格管理，组织制定保险业产品、技术、服务等方面的指导性条款。同时还要不断推进自律管理，加强信用体系建设，探索建立信用评价机制，大力培育诚信文化，加强安全诚信检查和监督。

6.4 提高社会公众监督能力

我国建设工程安全监督管理体制及运行机制要顺利运行，与社会大众的监督管理作用密不可分。提高社会大众的监督管理能力，就要从建立和完善群众监督机制、社会团体组织监督机制和新闻舆论组织监督机制三个方面入手。

(1)随着人民群众的权利意识逐渐觉醒，他们的监督意识和觉悟也不断提高。因此，现阶段我们必须落实群众监督机制，完善群众监督机制内部建设。首先，必须建立相应的受理群众建议、举报、申诉和信访机构。机构通过宣传等方法和手段强化群众的监督意识，使群众掌握相应的监督知识；同时对机构的工作人员进行培训，使其具备为群众秉公办事的服务意识；其次，对于不同的信访机构和部门，要做好沟通、协调和配合工作[68]。

(2)随着我国建设工程安全监督管理体制的不断完善和市场经济的不断深入，社会团体组织受政府相关部门职能影响和作用的程度也不断减小。因此建立社会团体组织监督机制，可以充分满足和发挥社会团体组织在建设工程安全监督管理体制中的专家和顾问作用。同时它们还可以通过民主的方式对建设工程行政主管部门、建筑行业协会组织、建筑企业、中介和保险结构等主体的安全监督行为和安全生产行为起到监督管理的作用。

（3）新闻舆论监督是社会监督的重要组成部分，随着互联网、电视、平面等媒体的普及，新闻舆论也逐渐成为现代社会人们提出批评，表达建议的重要方式。同时也是群众、社会团体组织等参与建设工程安全监督管理的重要手段。新闻舆论监督的及时性、快捷性、全面性、真实性、公正性和威慑性是其他监督形式所不能比拟的。因此，必须重视和完善新闻舆论组织监督机制的内部建设，一方面政府相关部门要把管理体制理顺，不要进行过多的行政干预，保持新闻舆论监督的独立性；另一方面要加快立法，赋予新闻媒体独立的法人地位，尽快使新闻舆论监督制度化、法制化，使得新闻舆论监督能真正地发挥其建设工程安全监督管理的作用。

6.5 创新我国建设工程安全监督管理文化机制

6.5.1 加强安全生产培训和教育

由于我国建筑业从业人员大部分都是农民工，文化素质较低，安全生产意识较差，因此要通过安全生产培训，不断促进建筑一线从业人员安全文化素质和安全操作水平的提高，且企业的安全生产培训和教育应该是长期的、持续性的行为。通过安全教育，让施工现场作业人员树立正确的安全生产意识，从而使其生产操作行为更加符合安全生产规范和操作规程的要求[69]。对从业人员安全生产培训和教育又分为两个层次：一是对企业的核心管理人员进行安全生产法律法规、安全生产要求、安全操作规程和安全管理知识的综合培训和教育；二是对一线从业人员进行安全法律法规、安全生产技能和安全生产操作规程的培训和教育。同时在培训过程中可以结合案例，让他们积极参与其中，掌握安全生产规范，执行安全生产操作规程。

6.5.2 建立安全生产岗位责任制度

在建筑生产活动中，建立安全生产岗位责任制度的目的就是为了明确各建筑企业、企业各个职能部门以及人员在工程建设活动中的安全责任。安全生产责任制和安全生产规章制度是安全生产岗位责任制的重要组成部分，安全生产责任制应明确企业管理人员的安全职责；安全生产规章制度应包括安全生产检查制度、安全生产宣传教育制度、企业安全生产考核制度、安全生产奖罚制度等各项规章制度，从而在企业内部从上到下形成“以制度捍卫文化、以形象衬托文化”的安全生产文化氛围[70]。

6.5.3 提供安全的作业环境

建筑企业安全文化建设体现的是“以人为本”的原则，体现在建筑施工现场是为建筑工人提供有安全保证的施工设备并让其处于安全的状态，为建筑工人提供注重以“安全、健康、环境”为目标的安全有序的施工环境[69]。良好的工作环境有利于从业人员以积极的心态进行安全生产，施工现场应努力创造良好的工作环境并进行文明施工。但安全的作业环境除了工作环境外，还包括施工机械、设备、材料等物质的安全状态，因此建筑企业应保证施工作业物质方面的安全程度，从而提高建筑生产活动的本质安全。

第 7 章　结论与展望

7.1　结论

本书结合国外发达国家的先进经验，通过分析我国建设工程的监督现状，对我国建设工程安全监督模式进行了详细、深入的研究，在对建设工程安全监督模式的现状进行详细分析的基础上，找出改进的方面，提出了适合我国目前建设工程安全的监督管理模式，具体结论如下：

（1）结合国外发达国家建设工程安全监督管理的先进方法，对比我国目前安全监督管理的不足之处，分析提炼出一些有益于我国安全监督管理的经验和手段。

（2）运用调查问卷与统计分析相结合的方法，深入剖析了目前监管机构存在的问题，提出了影响建设工程安全监督工作的 3 个影响因子（现场管理因子、制度建设因子和风险评估因子），提出将建设工程的质量和安全整合监管的结论，建立一支专业化的质量安全联合监督的队伍，避免监管存在技术上的盲区。

（3）运用博弈论分析法，建立博弈模型，深入分析工程建设中各方的关系与制约机制。通过建立监督机构与建设单位、监督机构施工单位、监督机构与监理单位等相关各方的博弈模型，说明了安全监督工作需要政府的强势介入，以及如何提高安全监督效能的问题。

（4）利用轨道交叉理论、影响因子法和博弈分析的综合结论，构建了适合我国建设工程的安全监督管理模式。进一步分析了新模式中相关各方的运行机制和需要注意的问题，提出了政府执法监管，行业行政管理，监管机构整合，企业全面负责的监管方法。

（5）深入剖析了工程建设相关各方人员在安全监督中的行为，提出新型的适合我国当前建设工程安全监督管理的新运行模式。同时，为该模式的正常有效运行提出相关意见和建议。

7.2　创新点

（1）运用统计学的方法，提炼出相关“影响因子”，通过对影响因子的深入剖析，提出安全监督管理的重点，为安全监管工作的顺利开展提供明确的方向和行动指标。

（2）运用博弈论的方法对工程建设相关利益各方进行博弈分析，通过对各方的博弈分析，找出了安全监督管理存在缺陷的根本原因。

（3）构建了适合我国国情的新型建设工程安全监督管理机制，对新型机制的运行模式进行了一定深度的研究。

（4）针对目前我国建设工程安全监督管理暴露的问题，结合工程实践提出了适合我国国情的改进意见和完善对策。

7.3　展望

虽然本书在建设工程安全管理的研究中建立了博弈论模型并对其进行了分析，总结出一些关于我国建设工程安全管理的对策与建议。但是建设工程安全管理是一个涉及面广、十分复杂的问题，由于实际条件、文献研究和笔者的水平所限，本书的研究仅处于初步探索阶段，还存在许多不足，主要包括：

（1）由于能力限制，论文对我国建设工程安全监督管理体制现状的调查对象、区域、规模、范围等覆盖不够全面，因此调查统计分析结果与实际情况可能存在一定偏差。同时，随着建筑业的不断发展，我国建设工程安全监督管理体制可能随时会出现新的问题，这些都有待进一步研究和分析。

（2）建设工程安全监督管理体制及运行机制的可行性和可操作性都需要进一步的实践检验和论证。

（3）我国建设工程安全监督管理体制的信用评价制度只是从宏观上提出思路，具体对评价机制的评价体系没有充分进行定量化的研究，这都将成为本书后续研究的一个主要内容和立足点。

附表

建设工程安全监督模式研究关键项目和要素调研表

序号	项目	要素	答案
1	从事管理工作的年限	调查对象	A 1年以内；B 2～5年； C 6～10年；D 10年以上
2	工作岗位	调查对象	A 分管经理；B 专职人员； C 技术人员；D 其他
3	监督管理的目的	目的	A 保证企业持续发展； B 减少事故； C 保证人员生命安全与健康； D 其他
4	现有安全管理模式及效果	效果	A 很好；B 较好； C 一般；D 差
5	管理规章制度的落实情况	制度的落实	A 很好；B 较好； C 一般；D 很差
6	采取的手段	管理手段	A 经济手段； B 淘汰手段； C 批评手段； D 行政手段
7	事故原因	事故原因	A 设施不安全状态； B 人员不安全行为； C 管理缺陷； D 其他
8	事故率高的原因	事故原因	A 缺乏法律制裁； B 管理人员责任心不足； C 作业人员安全意识不强； D 管理措施不到位
9	管理机制	监督机制	A 安全领导小组； B 安全机构； C 全员监督； D 其他
10	安全生产开展的责任人是谁	保证顺利推行的责任人	A 法人代表；B 分管安全经理； C 安全部门负责人；D 安全员
11	执行的责任人	责任人	A 主要负责人； B 全体人员； C 机构负责人； D 安全员； E 项目经理
12	安全生产工作，必须谁重视	全员参与性	A 领导重视； B 全员重视； C 安全员重视项目经理重视

续表

序号	项目	要素	答案
13	隐患和风险源辨识的必要性	管理的必要性	A 十分必要； B 没必要； C 可有可无
14	安全效果	自律性	A 很好；B 较好； C 差；D 根本不重视
15	制度的彻底落实必须谁重视	如何确保制度的落实	A 法人代表； B 机构负责人； C 项目经理； D 安全员
16	持续改进需要谁重视	组织保障	A 主要负责人； B 政府监管； C 员工支持； D 资金支持； E 持续教育
17	工作做得好的奖励措施	组织保障	A 资金奖励； B 精神奖励无须资金奖励； C 行政升职； D 无所谓
18	工作做得差惩罚措施	组织保障	A 资金罚款； B 批评； C 行政降职； D 无所谓
19	是否应持续改进	组织保障	A 达标； B 保持一般水平； C 无所谓； D 持续改进
20	安全检查、教育、交底工作如何开展	安全检查、教育、交底的工作方式	A 必须开展；B 阶段性开展； C 不开展；D 迎接上级检查前开展； E 全过程；F 无所谓
21	标准化工作内容	工作的内容	A 法规制度标准化；B 管理科学化； C 安全教育持续化；D 现场标准化； E 人员行为标准化
22	监管情况的了解	工作的内容	A 了解；B 不了解； C 略知；D 不关注
23	安全文化建设	积淀程度	A 好；B 一般 C 有初期体现；D 无具体文化体现
24	安全文化氛围	效果	A 好；B 较好； C 一般；D 很差
25	安全文化作用	程度	A 十分必要；B 必要保障； C 没有必要；D 不了解

参考文献

[1] 方东平，黄吉欣，张剑．建筑安全监督与管理——国内外的实践与进展 [M]. 北京：中国水利水电出版社，知识产权出版社，2005.

[2] 方东平，黄新宇，JimmieHinze. 工程建设安全管理 [M]. 第二版．北京：中国水利水电出版社，知识产权出版社，2005.

[3] Ngowi AB，Rwelamila PD.Holistic Approach to Occupational Health and Safety and Environmental Impacts.In：HauP，TheoC，Rwelamila PD，eds.Proceeding sof Health and Safety in Construction：Current and Future Challenges[M].Pentech：Capetown，1997：151-161.

[4] Gambatese JA.Designing for Safety.Construction Safety and Health Management[M].Prentice Hall：New Jersey，2000.

[5] GambateseJA.Liability in Designing for Construction Worker Safety[J].Journal of Architeetural Engineering，1998，4（3）：107-112.

[6] HinzeJw.Construction Safety[M].Prentice Hall：New Jersey，1997.

[7] Blair EH.Achieving a Total Safety Paradigm through Authentic Caring and Quality.Professional Safety[J].Journal of American Soeiety of Safety Engineers，1996，41（5）.

[8] Hauot TC，Coble RJ.A Performance Approach to construction Worker Safety and Health—A Survey of International Legislative Trends.In：Singh，eds.Proceedings of CreativeSys tems in Structural and Construction Engineering[M].Rotterdam：Balkema，2001：381-386.

[9] Coble RJ，HauPt TC.Minimum；international Safety and Health Standards in Constru ction.Safety and Health on Construction Sites[M].Floride：CIBWorking Commission，1999：68-75.

[10] Baxendale T，Jones O.Construction Design and management Safety Regulations in Practice）Progress on Implementation[J].International Journal of Project Management，2000，18：33-40.

[11] Genn H.Business Responses to the Regulation of Health and Safety in England[J].LaW and policy.1993，15（3）：219-234.

[12] Workutch RE，Vansandt CV.N；：national Styles of Worker Protection in the United States and Japan：the Case of the Automotive Industry Law and Policy[J]. 2000，22（3）：369-284.

[13] Gunningham N.Towards Innovative Occupational Health and safety Regulation.The Journal of

Industrial Relations[J].1998，40（2）：204-231.

[14] Ebohon OJ，HauPt TC.Smallwood JJ，Rwelamila PD.Enforcing Health and Safety Measures in the Construction Industry：Command and Control Versus Economic and Other Policy Instruments.Safety and Health on Construction Sites.Florida：CIB Working Commission，1999：102-110.

[15] Viseusi WK.The Impact of occupational Safety and Health Regulation[J].The Bell Journal of Economics，1978：117-140.

[16] Clayton A.The Prevention of Occupational Injuries and Illness：The Role of Economic incentives. National Research Center for OHS Regulation at the Australian National University：Working Papers，2002：1-27.

[17] Young5.Construction Safety：A Vision for the Future[J].Journal of Management in Engineering，1996，7-8：33-367.

[18] MaeCollum DV.Time for change in Construction Safety.Professional Safety，1990，2：17-20.

[19] Koehn EE，Kothari RK，Pan C5.Safety in Developing Countries：Professional and Bureaucratic Problems[J].Journal of Construction Engineering and Management，1995，9：26x-265.

[20] Watanabe T，Hanayasu5. Philosophy of Construction Safety Management in Japan. In：SinghA，HinzeJ，CobleRJ，eds. Proeeedings of the ZndIntern-ational Conferenceon Implementation of Safety and Health on Construction Sites. Honolulu，Hawaii，USA.Rotterdam：Balkema，1999：55-6.

[21] 方东平，宋虎彬，国岛正彦 . 日本建筑安全的现状与发展 [J]. 建筑经济，2001，10.

[22] Kartam NA，floodl，Koushki P.Construction Safety in Kuwait：Issues，procedures，problems，andRecommendations[J]. Safety Science，2000，36：163-184.

[23] 卢岚，王令东等 . 建筑施工现场安全模糊评价方法研究 [J]. 工业工程，2003，11：49-53.

[24] 建设工程安全生产管理条例，中华人民共和国国务院令第 393 令，2003 年 12 月 24 日公布 .

[25] 田元福，李慧民 . 中美建筑安全管理比较研究 [J]. 建筑经济，2003，2：49 ~ 51.

[26] Rafiq M. Choudhry，Dongping Fang，Syed M. Ahmed. Safety Management in Construction：Best Practices in Hong Kong.2008，20（134）：112-125.

[27] Jimmile Hinze，Gary Wilson. Moving Toward A Zero Injury Objective[J]. Journal of Constructing Engineering and Management，2000，10.

[28] Edward J. Jaselskis. Strategies for Achieving Excellence in ConstructionSafety Performance. International Conference of Transportation Engineering.2006，122（1）：61-70.

[29] 尚春明，方东平 . 中国建筑职业安全健康理论与实践 [M]. 北京：中国建筑工业出版社，2007.

[30] 徐波，姚天玮 . 中德建筑施工安全之比较与思考 [J]. 建筑经济，2002.

[31] HSE. Guidance［EB/01］. http：//www.hse.gov.uk/construction/who.htm，2009-08-25.

[32] 方东平，黄新宇，黄志玮 . 建筑安全管理研究的现状与展望 [J]. 安全与环境学报，2001，4.

[33] Gambatese J A. Designing for safety[A]. In：Coble R，Hinze J and Haupt T C，eds.Construction Safety and Health Management[M]. New Jersey：Prentice Hall，2000：169-192.

[34] Gambatese J A. Liability in designing for construction worker safety[J]. Journal of Architectural Engineering，1998，4（3）：107-112.

[35] Hinze J W. Construction Safety[M]. New Jersey：Prentice Hall，1997：49-70.

[36] MacCollum D V. Construction Safety Planning[M]. New York：Van Nostrand Reinhold，1995.

[37] Hislop R D. Who is responsible for construction safety[J]. Professional Safety，1998，43（2）：26-28.

[38] Sikes R W，Tan Qu and Coble R J. An owner looks at safety[A]. In：Coble R，Hinze Jand Haupt T C，eds. Construction Safety and Health Management[M]. New Jersey：Prentice Hall，2000：193-210.

[39] Blair E H. Achieving a total safety paradigm through authentic caring and quality[J].Professional Safety，1996，41（5）：24-27.

[40] Smallwood J and Haupt T C. Safety and health team building[A]. In：Coble R，Hinze Jand Haupt T C，eds. Construction Safety and Health Management[M]. New Jersey：Prentice Hall，2000：115-144.

[41] Geller S E. Ten principles for achieving a total safety culture[J]. Professional Safety，1994，39（3）：18-24.

[42] 林齐宁，建筑工程项目安全风险管理研究 [D]. 中国期刊全文数据库，2007.

[43] 张兴容，李世嘉 . 安全科学原理 [M]. 北京：中国劳动社会保障出版社，2004.

[44] 周世宁，林伯泉，沈斐敏 . 安全科学与工程导论 [M]. 北京：中国矿业大学出版社，2005.

[45] 隋鹏程，陈宝智，隋旭 . 安全原理 [M]. 北京：化学工业出版社，2005.

[46] 金龙哲，宋存义 . 安全科学原理 [M]. 北京：化学工业出版社，2004.

[47] 吕海燕 . 生产安全事故统计分析及预测理论方法研究 [D]. 北京：北京林业大学，2004.

[48] 张维迎 . 博弈论与信息经济学 [M]. 上海：上海人民出版社，2004.

[49] 周国华，张羽，李延来等 . 基于前景理论的施工安全管理行为演化博弈 [J]. 系统管理学报，2012，4：45-47.

[50] 贾璐 . 工程建设安全监管博弈分析与控制研究 [D]. 武汉；华中科技大学，2012.

[51] 范如国，韩民春 . 博弈论 [M]. 武汉：武汉大学出版社，2007.

[52] 黄明霞，王永刚 . 安全管理中的激励因素 [J]. 安全与环境学报，2006，7.

[53] 蒲宇锋 . 建筑业农民工安全教育培训和安全生产管理的分析研究 [D]. 武汉；华中科技大学，2005.

[54] 黄长锁 . 建筑工人安全管理研究 [D]. 北京；北京化工大学，2004.

[55] 陈志刚，王丽 . 建筑企业职业安全健康管理体系的建立与实施 [M]. 北京：机械工业出版社，2003.

[56] 李君，李成扬 . 建筑企业职业安全健康管理体系的运作与认证 [M]. 北京：中国标准出版社，2003.

[57] 朱明星，左振飞 . 论工程监理在安全监理工作中的责任 [J]. 基建优化，2004，6.

[58] 杨文柱 . 建筑安全工程 [M]. 北京：机械工业出版社，2004.

[59] 编写组 . 建设工程安全生产管理 [M]. 北京：中国建筑工业出版社，2004.

[60] 住房和城乡建设部建筑市场管理赴英考察团 . 住房和城乡建设部建筑市场管理赴英考察团考察报告工程 . 建设标准化，2000，3：32-35.

[61] 周燕 . 国外建筑安全管理集粹 [J]. 建筑安全，2007，4：42-44.

[62] 张仕廉，董勇，潘承仕 . 建筑安全管理 [M]. 北京：中国建筑工业出版社，2005

[63] 蔡玲如 . 环境污染监督博弈的动态性分析与控制策略 [D]. 武汉：华中科技大学，2010.

[64] 江虹 . 中外施工安全管理制度之比较研究 [D]. 杭州：浙江大学，2003.

[65] 罗云 . 安全经济学导论 [M]. 北京：经济科学出版社，1993.

[66] 隋鹏程，陈宝智，隋旭 . 安全原理 [M]. 北京：化学工业出版社，2005.

[67] 田水承，景国勋 . 安全管理学 [M]. 北京：机械工程出版社，2009.

[68] 黄钟谷，政府建筑安全管理层级监督的研究 [D]. 上海；同济大学；2008.

[69] 中华人民共和国国务院令 . 建设工程安全生产管理条例 .2003.

[70] 李钰 . 建筑施工安全 [M]. 北京：中国建筑工业出版社，2003.

[71] 徐俊 . 论我国建筑工程安全生产管理模式的发展方向 [J]. 经营管理者，2010，12.

[72] 田元福 . 建筑安全控制及其应用研究 [D]. 西安：西安建筑科技大学，2004.

[73] 方东平，黄吉欣．建筑安全监督与管理——国内外的实践与进展 [M]．北京：中国水利出版社，2005.

[74] 周建亮，方东平，王天祥 . 工程建设主体的安全生产管理定位与制度改进 [J]. 土木工程学报，2011，8：139-146.

[75] 王欣 . 建筑业主施工安全管理模式研究 [D]. 武汉：华中科技大学，2013.

[76] 李超超 . 建设工程安全监督管理体系研究 [D]. 济南：山东师范大学，2013.

[77] 罗伟雄 . 关于加强项目安全管理的探讨 [J]. 建筑安全，2006，5.

[78] 许程洁 . 基于事故理论的建筑施工项目安全管理研究 . 2008.

[79] 隋鹏程，陈宝智，隋旭 . 安全原理 [M]. 北京：化学工业出版社，2005，4：13-17.

[80] 高全臣 . 建筑工程安全管理影响因子及评价模型研究 [D]. 北京：中国矿业大学，2009.

[81] 何学秋等 . 安全工程学 [M]. 江苏：中国矿业大学出版社，2004.10.

[82] 张景林，崔国璋．安全系统过程 [M]. 北京：煤炭工业出版社，2002，8.

[83] 吴穹，许开立．安全管理学 [M]. 北京：煤炭工业出版社，2002，12.

[84] 张仕廉，董勇，潘承仕．建筑安全管理 [M]. 北京：中国建筑工业出版社，2006，6.

[85] 罗云．风险分析与安全评价 [M]. 第二版．北京：化学工业出版社，2010.

[86] 容继盘．建设工程安全政府监督方式研究 [D]. 柳州：广西大学，2011.

[87] 中华人民共和国安全生产法，主席令第 70 号，2002 年 6 月 29 日公布．

[88] 生产安全事故报告和调查处理条例，国务院令第 493 号，2007 年 4 月 9 日公布．

[89] 韦小敏．我国建筑安全监督管理体制及运行机制研究 [D]. 重庆：重庆大学，2009

[90] 陈宝春．政府建筑安全监管问题分析与对策研究 [D]. 杭州；浙江大学，2009.

[91] 申玲，孙其珩，吴立石．基于博弈关系的建筑安全投入监管对策研究 [J]. 中国安全科学学报，2010，7：111.

[92] 谢识予．经济博弈论 [M]. 上海：复旦大学出版社，2002.

[93] 陶然．多方参与的建筑安全管理体系研究 [D]，重庆：重庆大学，2011.

[94] 陈宝春．政府建筑安全监管博弈分析及策略选择 [J]. 科技管理研究，2011，9.

[95] 苗雨．论我国政府责任实现的法制困境与出路 [D]. 济南：山东大学，2012.

[96] 闵锐．陕西省建筑施工安全监督管理研究 [D]. 西安：西安建筑科技大学，2009.

[97] 黄忠谷．政府建筑安全管理层级监督的研究 [D]. 上海：同济大学，2008.

[98] 韦小敏．我国建筑安全监督管理体制及运行机制研究 [D]. 重庆：重庆大学，2009.

[99] 王晨亮．简析建筑安全监督工作的强化与创新 [J]. 建筑安全，2009，4.

[100] 张双群．德国的安全生产监督管理模式 [J]. 建筑安全，2008，11.

[101] 张明轩．建筑工程安全管理影响因子及评价模型研究 [D]. 北京：中国矿业大学，2009.

[102] 方东平，黄吉欣，张剑．建筑安全监督与管理 [M]. 北京：中国水利水电出版社，2005，8.

[103] 刘文涵．基于施工现场平面布置的安全管理优化模型和算法研究 [D]. 2012.

[104] 邓铁军．工程建设环境与安全管理 [M]. 北京：中国建筑工业出版社，2009.

[105] 冯立军．建筑安全事故成因分析及预警管理研究 [D]. 天津：天津财经大学，2008.

[106] 徐志胜，吴超．安全系统工程 [M]. 北京：机械工业出版社，2011.

[107] Easa，S.M. and Hossain，K.M.A. New mathematical optimization model forconstruction site layout[J]. Journal of Construction engineering and Management，2008.

[108] Dorigo，M. and Stiitzle，T. Ant Colony Optimization [M]. London：MIT Press，2004.

[109] 侯长青．基于行政管理体制改革背景的建筑安全监管体系研究 [J]. 河北建筑工程学院学报，2011.

[110] 武明霞．建筑安全技术与管理 [M]. 北京：机械工业出版社，2007，1：56-57.

[111] 陈彦百等 . 浅析工程技术人员在安全管理中的地位与作用 [J]. 建筑安全，2005，9.

[112] Montet C, Serra D. 博弈论与经济学 [J]. 北京：经济管理出版社，2005.

[113] 王超然 . 基于博弈理论的建筑安全政府监管问题研究 [D]，重庆：重庆大学，2012.

[114] 田元福，李慧民 . 中美建筑安全管理比较研究 [J]. 建筑经济，2003，2.

[115] 陈宗贵 . 英国的安全管理制度 [J]. 建筑，2002，11.

[116] 田水承，景国勋 . 安全管理学 [M]. 北京：机械工程出版社，2009.

[117] 黄海斌，王平，蔡睿 . 建筑工程安全检查中的博弈分析 [J]. 山西建筑，2008，34（27）：228-229.

[118] 闫松，程建华 . 建设单位在建筑工程安全管理中的作用 [J]. 中州煤炭，2006.

[119] 张玉娟，张飞涟，赖纯莹 . 建筑市场安全监管的博弈分析 [J]. 设计管理，2007，1：24-27.

[120] 海林，金维兴，刘树枫，吴潘 . 建筑企业安全控制的博弈分析及政策建议 [J]. 建筑经济，2006，11：67-69.

[121] 孙建平 . 施工现场安全生产保证体系，北京：中国建筑工业出版社，2003.

[122] 刘文涵 . 基于施工现场平面布置的安全管理优化模型和算法研究 [D].2012.

[123] 王保国，王新泉 . 安全人机工程学 [M]. 北京：机械工业出版社，2007.

[124] 张守健 . 工程建设安全生产行为研究 [D]. 上海；同济大学，2006.

[125] 赵金煜 . 矿建工程项目风险管理理论与研究方法 [D]. 北京：中国矿业大学，2010.

[126] 韩国波 . 基于全寿命周期的建筑工程质量监督模式及方法研究 [D]. 北京：中国矿业大学，2013.

[127] 张云广，李龙国，艾留华 . 建设工程质量监督管理模式研究 [J]. 科技资讯，2008，12.

[128] 姚励冰 . 中国工程质量监督管理体系的制度研究 [D]. 重庆：重庆大学，2005.

[129] 李艳，李锦华 . 国内外建筑安全生产管理模式比较研究 [J]. 建筑安全，2006，2：36-38.

[130] 田元福，李慧民，李潘武 . 中美建筑业安全管理的比较研究 [J]. 建筑经济，2003，2：49-51.

[131] 万东君 . 引入保险机制的工程质量协同监管模式研究 [J]. 工程管理学报，2011，8：374.

[132] 吴怀俊 . 建设项目安全管理的智能化技术研究 [J]. 中国安全科学学报，2009，8：128-131.

[133] 沈建明 . 项目风险管理 [M]. 北京：机械工业出版社，2005，9：55-56.

[134] 李强 . 建设工程企业安全生产监管体系研究 [J]. 现代企业教育，2011，5：107-108.

[135] 王凯全，邵辉 . 事故理论与分析技术 [M]. 北京：化学工业出版社，2004.

[136] 监丽媛 . 基于内部控制理论的建筑施工安全监管的制衡机制研究 [D]. 天津理工大学，2012.

[137] 曹冬平，王广斌 . 中国建筑生产安全监管的博弈分析与政策建议 [J]. 建筑经济，2007，11：52-55.